Feng Shui

la salud y el bienestar de tu casa

Feng Shui

la salud y el bienestar de tu casa

Loli Curto

OCEANO AMBAR

FENG-SHUI
LA SALUD Y EL BIENESTAR DE TU CASA

Fotografías: Stock Photos, Age fotostock, CD Gallery, Becky Lawton, Archivo Océano
Ilustraciones: Xavier Bou
Diseño de cubierta: Loli Curto, P&M
Foto de cubierta: Juan Lafita (fotógrafo), Sophia litjens (niña)
Edición: Teo Gómez
Dirección de arte: Montse Vilarnau
Edición digital: Jose González

© Loli Curto, 2006

© Editorial Océano, S. L., 2007 − Grupo Océano
Milanesat 21-23 − 08017 Barcelona
Tel: 93 280 20 20 − Fax: 93 203 17 91
www.oceano.com

Material de atrezzo: *Pepe Peñalver Internacional, S.A* y *Sleeping Company*
Agradecemos la colaboración de *La Maison Coloniale* para la publicación de algunas imágenes de este libro
www.lamaisoncoloniale.com

Segunda edición, mayo 2007
Tercera edición, septiembre 2007

ISBN: 978-84-7556-409-8
Depósito legal: B-20656-XLIX
Impreso en España - Printed in Spain
9001939030907

Quiero dar las gracias a todas las personas
que han confiado en mí para su salud y la de
sus casas, pues me han permitido experimentar
y estudiar, pero sobre todo, aprender.
También doy las gracias a las treinta casas
que me han acogido a lo largo de mi vida.
Algunas fueron auténticos paraísos,
otras fueron verdaderos infiernos,
pero en los dos casos fue interesante percibir
la diferencia y experimentarla.
También quiero mostrar mi agradecimiento
a todas las personas, familiares y amigos que
han compartido mi vida y han contribuido
intensamente a mi desarrollo consciente
del sistema Feng Shui.
A todos ellos doy gracias por su paciencia
y comprensión.

ÍNDICE

PRÓLOGO

Desde muy pequeña sentí la necesidad de redistribuir los espacios mentalmente, aunque nunca supe qué era lo que me impulsaba a ello. Fue el profesor Ferro Ledvinka quien me hizo descubrir la existencia de esta ciencia milenaria, el Feng Shui, en unos cursos que estaba realizando en Suiza en 1986. Entonces comprendí que todos los espacios tienen la necesidad de mejorar.

El Feng Shui, que significa «viento y agua», es una ciencia milenaria y que en su origen se aplicaba a orientar correctamente las tumbas de los antepasados. Actualmente, sin embargo, se utiliza para erigir una casa, con objeto de asegurar para todos sus moradores una felicidad y una prosperidad perdurables.

Que el Feng Shui funciona pude comprobarlo en mí misma muy pronto. No conseguía sentirme a gusto en mi propia casa aun aplicando las teorías que había aprendido en la localidad suiza de Kiental, de donde hice venir a uno de mis profesores, Rick Vermuyten.

Rick me diagnosticó exactamente lo que nos estaba sucediendo. Me aconsejó unos arreglos para calmar la situación de la casa, aunque no para arreglar sus inconvenientes, y nos sugirió venderla lo antes posible.

A partir de ese momento, comencé un nuevo aprendizaje que no se ajustaba a la teoría que yo conocía. Rick nos enseñó que la energía de la casa estaba relacionada con el lugar y con la condición de las personas. Como si de un enfermo se tratara.

En 1994 conocí a William Spear, quien me enseñó en Londres que las potencialidades del Feng Shui no tienen límites y que puede aplicarse a cualquier cosa, puesto que sus bases son la comprensión de la esencia de la naturaleza y el conocimiento de sus leyes. Gracias a William amplié mi capacidad de percepción y empecé a fluir desde mi interior.

En mi condición de naturópata, conocí a todo tipo de enfermos, algunos de los cuales no reaccionaban ante ningún medicamento. Decidí visitar sus casas para ver si en ellas podía descubrir la causa de su enfermedad y la manera de curarlos. Cinco años después, había adquirido una experiencia notable en este campo. Las casas sólo eran una parte del problema, ya que en muchos casos la enfermedad estaba relacionada con problemas psicológicos, emocionales y, sobre todo, era debida a influencias familiares, en la mayoría de los casos, por antepasados fallecidos.

Todos hemos observado la manera en que los animales domésticos, e incluso los niños, miran fijamente un rincón de la casa. No lo hacen porque sí. Si pudieran hablar, nos describirían perfectamente una imagen perteneciente al pasado, tal vez personas que han vivido anteriormente en esa casa.

Mis muchos años de experiencia me han enseñado que el Feng Shui no se aprende en los libros únicamente. La experiencia es el todo, y poco a poco se obtiene esa sensación que te hace observar cuanto te rodea como si te hablara. La percepción del tiempo y el espacio, de la energía que nos envuelve y de la que nos atraviesa y nos ocupa, requiere un largo proceso de perfeccionamiento.

El objetivo del Feng Shui es proporcionarnos las herramientas necesarias para conseguir la salud y el bienestar de la casa. Dicho en otras palabras, hacer uso de todos los recursos a nuestro alcance para beneficiarnos. Este libro no pretende convertirte en un experto en Feng Shui, sino mostrarte cuál es la esencia de este sistema y darte algunos consejos prácticos para que evites los errores más comunes y sepas lo que debes hacer para solucionarlos.

9

INTRODUCCIÓN
AL FENG SHUI

Según la esencia del Feng Shui,
todo lo que nos rodea,
aún el objeto más insignificante,
potencia nuestros anhelos
o nos aleja de ellos

INTRODUCCIÓN

El Feng-Shui se practica desde hace miles de años en China. Esta ciencia o técnica se ha extendido por todo Occidente.

El Feng Shui va más allá del conocimiento de las leyes que rigen nuestra situación en el espacio, pues es también una forma de comprender la estructura de la naturaleza, basada en la ley del equilibrio y la dualidad que rige el Universo.

Así, el punto de partida del Feng Shui es que todo nuestro entorno exterior e interior, desde el paisaje más dinámico hasta el mueble y el objeto más pequeño de nuestro hogar, potencian nuestros anhelos o nos alejan de ellos.

Para poder aplicar sus principios, necesitamos conocer en profundidad las dos fuerzas que lo rigen todo, el yin y el yang, que dan vida a todas las formas existentes en el planeta y fuera de él. Por esta razón, todos los seres están sometidos a esta influencia directa que abarca no sólo el cuerpo físico sino todo su entorno.

La cultura china ha desarrollado un complejo método, que para ellos es una ciencia, que permite diagnosticar la energía que existe en cualquier lugar. Este complejo método engloba

"La suave brisa se mueve en silencio invisible"
William Blake

varias técnicas, de las cuales las más básicas son el dominio de los cinco elementos de transformación de energía, las nueve direcciones, el principio único del Universo, la ley de la dualidad, las estaciones, etcétera.

Todo lo anterior forma la base de la filosofía oriental. Si aprendemos a usarlos, nos beneficiaremos del flujo positivo de la energía y mantendremos alejados de nosotros los aspectos negativos, de forma que las corrientes sutiles que atraviesan nuestro cuerpo y a la vez nuestro hogar nos acercan más a nuestros propósitos.

No pretendemos decirte que el Feng Shui vaya a resolver todos tus problemas, aunque en cierto modo sería posible si quien maneja estos conocimientos fuera un gran experto. Pero lo que sí queremos transmitir con este libro, aplicando la parte práctica, es que puedes mejorar algunas áreas de tu vida. Si el resultado no es el

● Feng Shui

La expresión Feng Shui está formada por dos ideogramas de la caligrafía china que significan «viento» y «agua». Ellos nos transmiten que el viento y el agua son los dos componentes básicos que forman la atmósfera, que está presente en todos los lugares, junto con el agua que nutre el origen de la vida. Es el aire que respiramos. Es el origen de la vida.

que esperas, es muy lógico, ya que lleva su tiempo volverse receptivo y comprensivo ante todos estos conceptos universales.

La ciencia del Feng Shui defiende la creencia de que todo surge del Tao, un gran vacío para unos y en cambio la plenitud para otros, aunque, en cualquier caso, simboliza lo mismo, el concepto de la no energía, el «no ser» de Shakespeare. Esta ausencia está presente en la naturaleza del Feng Shui, que estudia estos tres conceptos básicos: el «gran vacío», que da vida a la «energía», que a su vez da origen a la «materia». El gran vacío o la nada es el creador de la energía. Es lo que permite llenarse. En Oriente es el TODO. Es la «vacuidad» del budismo.

La energía es la esencia que da vida a las diez mil cosas. La materia es la forma que pueden adoptar las diez mil cosas.

Y el cuerpo puede considerarse como un mapa microcósmico del macrocosmos, es decir, que todas las cosas a pequeña escala son réplicas de otras a mayor escala.

El conocimiento del origen primero es la esencia del camino.

● Las diferentes escuelas

A veces parece que hay contradicciones entre los diferentes sistemas del Feng Shui que aparecen en el mercado, pero en realidad todos forman parte de esta ciencia tan compleja. Se conocen nueve escuelas diferentes, aunque algunas no se aplican en la actualidad, dado que la sociedad moderna occidental no permite elegir y realizar cálculos de precisión y prevenir a la hora de construir, como se hace en Oriente. Las escuelas más conocidas y utilizadas por los profesionales de este sistema son, principalmente: la escuela de la brújula, la escuela del compás, la escuela de las formas terrestres y la meteorología, la escuela de las dimensiones o proporciones de la naturaleza, la escuela de las adivinaciones, que actualmente se recoge en el I-Ching, la escuela del pensamiento yin y yang o terrestre y celeste, la escuela de los 9 palacios y la escuela paisajística.

● La escuela paisajística

Se basa en la impresión que causa el entorno general, inmediato o interior de la casa. Este método requiere un alto nivel de intuición y un gran entrenamiento en la interpretación de las formas. Para practicar este método hay que interrumpir todos los procesos internos del pensamiento y observar sin ninguna idea preconcebida, como hacen los niños. Además, hay que tener un dominio de los conceptos básicos de la ciencia del Feng Shui para saberlos leer en el paisaje.

● Método de la brújula o de las 8 direcciones

Según este método de fórmulas logarítmicas, cuyo diseño comprende las proporciones numéricas del Universo, cualquier observación, cálculo o diagnóstico, se realiza utilizando la brújula geomántica o aguja magnética, que consta de 18 círculos con sus respectivos símbolos en el interior de cada círculo.

Estos símbolos y porciones de cada círculo de la brújula representan la eclíptica y las 28 constelaciones. Actualmente, sólo se utilizan los cuatro primeros círculos, porque no tenemos los métodos para practicar el resto.

● Escuela de la forma

Esta escuela estudia y toma como punto de diagnóstico las formas terrestres que están en el paisaje. Según estos criterios, todas las formas terrestres yin se generan a partir de las energías celestes yang. Son los dos polos opuestos y complementarios de la misma energía. Estudiando meticulosamente cada forma no sólo en el paisaje, sino también en la arquitectura y el diseño interior, podemos determinar qué energía nos rodea. Para practicar este método necesitamos un amplio conocimiento de la energía, pero sobre todo de la interpretación de las formas y una gran intuición para comprenderlas y analizarlas.

Nosotros vamos a desarrollar nuestras propuestas según las escuelas presentadas en estas páginas. Nos parece más fácil expresarnos a través de las formas, puesto que es más concreto y visual y no son precisos conocimientos demasiado profundos.

CADA CASA ES UN MUNDO

Las nueve escuelas del Feng Shui mencionadas comparten los principios básicos del yin y el yang, los cinco elementos y los ocho trigramas. Las diferencias entre ellas residen en la aplicación de estos principios. Las cartas geománticas de los moradores también desempeñan un papel importante. Este libro es un compendio de estas nueve escuelas, pero hacemos especial hincapié en el estudio de las formas terrestres y la escuela paisajística.

La posición correcta

Se ha podido demostrar que el espacio afecta a cada persona de forma diferente. La percepción del espacio tridimensional y multidimensional es relativa a cada persona, y aunque haya unas leyes que lo rigen y unas pautas para comprenderlo, esto no significa que para todo el mundo sea igual.

En el sistema del Feng Shui clásico original, se contemplan tantos lugares o sitios diferentes como posibilidades tiene un ser humano de realizar su vocación, actividades, proyectos e ideales, es decir, que para cada oficio o cargo existe un sitio adecuado para ubicar la vivienda del aspirante. En el lenguaje tradicional se habla de la posición del «emperador, rey o príncipe», la del «ministro», la del «campesino», la del «maestro», etcétera, de los cuales es fácil imaginar distintos hogares en localizaciones diferentes, adecuados para el oficio y las necesidades de cada uno.

Esto ampliará nuestro concepto de posibilidades y comprenderemos que son ilimitadas. Sólo tenemos que saber cómo realizarlas, pero esta claro que en un libro estándar no podemos encontrar la clave de los misterios del universo y del ser humano. Podemos estar mejor informados, pero, si queremos aprender, tendremos que dedicarnos, como en cualquier otro oficio, a estudiar y practicar durante largo tiempo, hasta convertirnos en expertos.

Cada cultura desarrolla sus propios métodos o sistemas, adaptándose al entorno que lo rodea.

17

● El Feng Shui estándar

Hay una tendencia a insistir en presentar el Feng Shui como un método estandarizado de la felicidad. Suele creerse que con una cuantas reglas, explicaciones, objetos, fotos o dibujos podremos solucionar nuestros problemas, hacernos ricos, encontrar a la pareja ideal y ser felices.

Este fenómeno está provocado por varias razones:

● Estamos necesitados de magia en nuestras vidas, y nos encanta creer que una vela y una bola de cristal cambiarán nuestra vida.

● Es una ciencia antiquísima que hace sólo 20 años apenas nadie conocía y aparece lentamente más como información que como formación. Se presta a todo tipo de especulación, moda o comercio.

● Los más hábiles empiezan a aplicarla sin ningún rigor, formación o experiencia.

● Es un buen momento para publicar libros, ya que hasta hace poco tiempo no existían, y los primeros en ocupar esta parcela del mercado suelen triunfar por falta de competencia.

● Las etiquetas Feng Shui

Empiezan a ponerse de moda algunos objetos tradicionales de varios países, como las bolas de cristal de Swarovsky del norte de Europa, donde hay muy poco sol

y se utiliza como objeto decorativo en las ventanas, para captar los rayos del astro rey cuando amanece y repartirlo, creando formas multicolores en el espacio.

Estas bolas llevan la etiqueta Feng Shui y la gente las compra masivamente, creyendo que va a mejorar cualquier problema de su vida, colgándolas en cualquier punto de la casa donde no toca el sol. ¿Qué sentido tiene colgar una bola de cristal captadora de los rayos solares donde no hay sol?

Tendemos a creer que la persona que nos vende estos objetos con la etiqueta Feng Shui es un experto, y el que recopila información y edita un libro ya es un maestro.

● Los consejos del experto

Muchos son los que se apuntan a operar como expertos en Feng Shui. Entre otras razones, porque no existe ningún control sobre el tema. Cabe decir que en Estados Unidos, el American Feng Shui Institute lo enseña como disciplina científica, y algunos de sus cursos se imparten en la Universidad de Los Ángeles.

Un experto debe conocer en profundidad todos los conceptos de la filosofía oriental, la astrología del Ki de las 9 estrellas, la medicina oriental taoísta, la numerología, los cinco elementos, el yin y el yang, la arquitectura y la simbología sagrada, etcétera.

A partir del conocimiento de todas estas ciencias, un experto consultor del sistema Feng Shui está preparado para sanear, organizar, distribuir, orientar, diagnosticar y modificar cualquier espacio. Cuando se termina una carrera universitaria sólo se posee el conocimiento teórico; después de practicar mucho tiempo, empezamos a tener cierta experiencia, cierta facultad de ver las cosas con claridad.

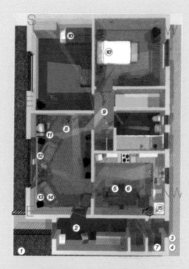

Actualmente, el diseño de una casa, junto con la gestión y el control de la obra lo llevan a cabo un arquitecto o un aparejador, siguiendo las instrucciones del constructor, que marca el presupuesto, o los deseos y las posibilidades del propietario, si éste ordena la construcción. Por su parte, el profesional del Feng Shui hace un trabajo paralelo: diseña, orienta, distribuye, organiza y

manipula el espacio, pero partiendo de otros criterios más profundos, de salud, bienestar, naturaleza, lógica, y siempre según la experiencia milenaria que le respalda.

Los expertos y maestros del Feng Shui original cobraban unos honorarios muy elevados, porque trabajaban al servicio exclusivo del emperador. Ellos decidían cómo, dónde y cuándo se construían ciudades, palacios y templos. Estos maestros dedicaban toda su vida a la práctica del taoísmo, la meditación, la búsqueda de la longevidad, el conocimiento de la medicina, la alquimia o la transformación de la energía, y todo tipo de prácticas para desarrollar una visión clara de la totalidad. Sólo así podían dominar todas las ciencias que les permitían manejar tan diversos conceptos y traducirlos en éxitos y aciertos, garantizando los resultados.

LOS PRINCIPIOS
DEL FENG SHUI

La energía que recibimos del
entorno afecta nuestros estados
de ánimo, emociones, energía
física y salud.

EL FLUJO DE LA ENERGÍA O CHI

Cada cultura desarrolla diferentes métodos. Los orientales conservan intactos los suyos. Nosotros, los occidentales, hemos abandonado los nuestros, pero lo importante es comprender que todos hablamos de lo mismo, aunque con diferente lenguaje. Algunas personas especialmente sensibles pueden anticipar información a través de fenómenos como las visiones, las premoniciones, la telepatía, la intuición, la inspiración, la radiestesia, la rabdomancia, etc.

En China, según este método, la energía se compara con el viento, que no se ve, pero llega a todos los lugares, y con el agua, que aunque se ve, es incolora, inodora e insípida, y adopta todas las formas, adaptándose al recipiente que la contiene.

En medicina tradicional china, hermana gemela del Feng Shui, pues ambas se basan en el libro de los cambios-mutaciones o I-Ching, aunque su marco de actuación es distinto, se contemplan los vientos como causa de casi todas las enfermedades. Básicamente, sólo hay cinco formas de energía patógena o causas internas de enfermedad: viento frío, viento caliente, fuego, humedad y sequedad, que se manifiestan en síntomas externos parecidos.

Por su parte, el sistema Feng Shui estudia los cinco elementos y las estaciones, que no son otra cosa que los ciclos de la energía en su fase creadora y destructiva.

El movimiento de la energía es comparable al viento. Éste cambia constantemente de orientación y de intensidad.

EL CHI EN EL UNIVERSO

En la medicina tradicional china, encontramos las mismas bases que en el Feng Shui: siempre estamos hablando de la energía, aunque para la mayoría este concepto sea demasiado genérico e impreciso. Tenemos que reconocer que no es fácil introducirnos en él. Hoy día hay una tendencia a utilizarlo para todo.

En Japón, el concepto Ki define la energía. En China es el chi o el Qi y en la India es el prana que nosotros conocemos como energía vital.

Para la ciencia ortodoxa sigue siendo el eterno dilema, pues ésta acepta que la materia surge de la energía y la energía crea la materia, pero todavía no hemos determinado cuál existió prime-

El mar es el gran absorbente de las tensiones ambientales del planeta. En él se produjo el comienzo de la vida y nos ofrece la energía ancestral sin la cual no hay continuidad.

ro, como el huevo y la gallina. Para los chinos, desde hace miles de años, este dilema está solucionado: energía y materia son lo mismo, chi, es decir, energía pura, aunque con el sistema Feng Shui podemos clasificarlas en energía visible y energía invisible.

El sistema Feng Shui nos enseña a percibir la energía tal como fluye por el universo, pero esto no se consigue leyendo un libro, como algunos creen. Hace falta practicar y entrenarse mucho para percibirlo.

EL CHI ENCERRADO

Cuando se construye una casa, el chi queda encerrado en su interior, de manera que esta construcción, por sus formas, provoca una modificación del chi exterior. A partir de este momento se produce una alteración del fluir de la energía del lugar.

Por esta razón, desde la antigüedad se utiliza Feng Shui para precisar y determinar qué tipo de energía conviene elegir y el lugar concreto para ubicar una vivienda, teniendo en cuenta que esta elección afectará el destino de sus moradores durante generaciones. En la antigua China era muy importante el especialista en Feng Shui, porque de sus aciertos dependía la suerte, la salud y la buena fortuna del linaje, ya que las casas pasaban de una generación a otra y nunca se vendía la vivienda familiar. Aún hoy en día hay países donde se considera impor-

tante que un especialista revise el lugar donde se va a construir la vivienda, para evitar, por ejemplo, las corrientes subterráneas.

La estructura de las formas arquitectónicas tiene una repercusión directa a la hora de atraer la energía del lugar hacia el interior de la vivienda.

● El chi positivo-negativo

La forma de una casa puede alterar de tal manera el flujo energético que atraiga hacia su interior energías no deseables para la vida. El Feng Shui nos permite clasificar y concretar la energía, que se muestra de diferentes formas en el Universo. Explicaremos algunos de sus procesos básicos. Los movimientos que ésta realiza son cíclicos y repetitivos. Decimos que la energía SUBE, BAJA, ENTRA y SALE. Esta variedad de movimientos es constante en la naturaleza y deberíamos determinar si la energía que afecta nuestro hogar tiene esta riqueza de movimientos. Además, la energía NACE, SE ALIMENTA, SE ACUMULA Y SE ELIMINA.

● **La energía nace:** Significa que, desde un lugar en el universo, la energía se está generando de forma constante. A esta energía se la llama «la energía de donde nacen todas las cosas», y se la asocia simbólicamente al Norte.

● **La energía se alimenta:** Después del nacimiento, se produce el crecimiento y el desarrollo. Esto se realiza gracias a una energía específica del universo que lo alimenta todo. Está asociada con el Oriente.

● **La energía se acumula:** Después del desarrollo, se produce una acumulación de energía de reserva o estancamiento. Este proceso tiene una doble cara: almacenar energía como reserva o estancamiento de energías patógenas, productoras de enfermedades. Esta energía se asocia con el Occidente.

● **La energía se elimina:** Después de todos los procesos anteriores, la energía se elimina. Este proceso también tiene una doble cara. Se elimina la energía residual, pero a veces, por alteración, se elimina la energía de reserva, produciendo un déficit de energía que se traduce en enfermedad. Está asociada al sur.

CHI PERSONAL

Para entender de qué manera nos afecta el chi del entorno, es necesario saber cómo se mueve el propio chi dentro de nuestro cuerpo. La energía en movimiento que fluye alrededor de la casa y en el interior se prolonga hasta el interior de nuestro cuerpo y alimenta nuestros órganos internos.

Este proceso es el mismo para toda la naturaleza, que genera constantemente vida para las células, alimentando cada partícula de nuestro cuerpo, acumulando energía para poder funcionar y eliminando los residuos para mantenerlo limpio y sano.

En el paisaje, el chi circula en una gran variedad de movimientos, pero el más común es el que imita el fluir del agua, que NACE en los manantiales y fluye a través de los ríos, que se ALIMENTAN de sus afluentes, hacia el océano, donde se ACUMULA y ESTANCA, y se acaba eliminando en forma de vapor, formando las nubes para caer de nuevo sobre la tierra y alimentar las fuentes.

«Todos los hombres están en contacto con su entorno, no a través de sus manos, sino a través de un sinfín de largas fibras que se extienden desde el centro de su abdomen. Estas fibras conectan al hombre con todo lo que le rodea, mantienen su equilibrio, le dan estabilidad.»
Carlos Castaneda

● La energía en el hogar

Debería fluir con toda riqueza de nutrientes, para que nos veamos favorecidos en todas las áreas de nuestra vida:

● **El fluir.** Como hemos dicho anteriormente, el fluir de la energía sigue un patrón diseñado por el universo. Con un amplio conocimiento del sistema Feng Shui, podemos conocer en cierta medida este patrón, para modificar la energía de nuestro hogar. El primer paso es hacer un diagnóstico preciso de cómo nuestro hogar se ve afectado por este fluir. La puerta de entrada es el elemento más importante para llevar a cabo todos estos procesos. Las ocho orientaciones más el centro determinarán el tipo de energía que puede encarar la puerta dc entrada.

● **El bloqueo.** Los factores bloqueantes de chi son muy variados. En el exterior podemos hacer una lectura dependiendo de si nuestra casa se halla en una ciu-

dad, una urbanización, en el bosque... En el interior, esta lectura se hará observando la distribución de espacios, las paredes que pueden obstaculizar, las escaleras, el exceso de muebles o la mala distribución de éstos.

● **Las nueve direcciones.** Engloban los diferentes movimientos que puede generar la energía.

Cada una de ellas representa un movimiento particular de energía. Por ejemplo, la energía NACE. En el simbolismo Feng Shui se dice que la energía nace del norte. En nuestra cultura también se considera así, por eso decimos «No pierdas el norte» o «Dormir con la cabeza al norte», para representar el sentido común.

EL KI DE LAS 9 ESTRELLAS

Este sistema antiquísimo es la base de la astrología Feng Shui, pues con este método se diagnostica y se modifica la energía. Engloba varios conceptos: **las 9 estrellas**, que se corresponden con las nueve direcciones; **los 5 elementos**, que definen los ciclos de la naturaleza, las estaciones y el calendario; **el yin y el yang**, que son las dos caras de la misma energía, positivo y negativo; el **Ba-gua**, mapa cósmico de las energías y sus movimientos, y la **numerología**, relacionada con los símbolos más antiguos de este método y que gracias al sistema matemático de los números nos permite concretar el resultado.

El yin y el yang

Son los dos tipos de energía, que representan lo activo yang y lo pasivo yin.

- **El yang** representa el lado soleado de la montaña, es decir, el calor, la luz, la fuerza contractiva, lo que avanza...

- **El yin** representa la sombra de la montaña, donde no toca el sol, el frío, la humedad, la oscuridad, la fuerza expansiva, lo que retrocede...

El hogar, la salud, las relaciones, la creatividad, el éxito, las emociones, la espiritualidad, el trabajo y todo en el universo se rige por esos mismos principios. La clave consiste en utilizar correctamente estos principios para dar satisfacción a nuestras necesidades.

"Haber nacido atractivo no es tan importante como haber nacido con buena estrella. Haber nacido con buena estrella no es tan importante como tener un corazón bondadoso. Tener un corazón bondadoso es tan importante como contar con un chi positivo."

27

EL SOL Y LA LUNA

Las estaciones, los años, los meses, los días y las horas son los ciclos de la naturaleza que transforman el yin y el yang y viceversa.

Las estaciones

Son los cinco ciclos de transformación de la energía, para pasar de yin y yang y de yang a yin. Estos periodos forman la unidad de tiempo llamada año, la energía pasa de fría a templada y de caliente a húmeda. Durante estos ciclos vamos adaptando nuestro cuerpo a través de la alimentación, que debería ser diferente en cada estación. Por ejemplo, cuando estamos en el ciclo frío, en invierno, no deberíamos comer alimentos que nos enfríen el cuerpo, sino todo lo contrario, alimentos que nos calienten, y así sucesivamente.

Las fases de la luna

Corresponden a un ciclo de cuatro periodos por los que la luna pasa de yin a yang. Estos ciclos producen los cambios de energía (nacimiento, crecimiento, desarrollo, maduración o retención de la energía y eliminación).

El día y la noche

Son dos pequeños ciclos de yin y yang que se van alternando de forma rápida cada dos horas, recorriendo así, en 24 horas, todo el ciclo completo. El pequeño ciclo de un día representa a su vez el gran ciclo de un año. El yin de la medianoche se va transformando en el yang del mediodía, que desciende de nuevo hacia el yin de la medianoche.

El equilibrio

Es un proceso de compensación y movimiento constante que sucede de forma natural. No hace falta pensar en él, ni siquiera comprenderlo, pues automáticamente se está produciendo

«El mundo se mueve dejando que las cosas sigan su camino. No puede hacerlo interfiriendo en ellas.»
Lao Tse, *Tao Te King*

El movimiento que debemos producir estará lo más cerca posible del punto central de equilibrio. La mejor manera de imaginarlo es pensar en los brazos de una balanza y en su punto medio.

La atracción

Es la fuerza que une los dos polos, yin y yang, positivo y negativo; normalmente, nosotros estamos en la búsqueda constante del otro, que se halla fuera de nosotros. La mayoría de actos de nuestra vida cotidiana están movidos por esta fuerza, aunque no reconozcamos lo que nosotros mismos hemos atraído. Reflexionemos sobre este concepto, ya que a la hora de buscar casa, solemos encontrar exactamente lo que nos polariza, lo cual no significa que sea lo que nos conviene o necesitamos. Nos polariza sólo

a sí mismo. Yin compensa a yang, pero nunca totalmente. Para continuar compensándose mutuamente, este proceso nunca se detiene. Por esto, es imposible que mantengamos el equilibrio perfecto. Es algo que no existe, sólo podemos acercarnos por unos momentos, y luego hay que volver a compensarlo de nuevo. Con estos conocimientos de yin y yang podemos conseguir que el movimiento no sea tan extremo, sino más armónico y más suave.

*"No hay nada nuevo bajo el sol.
Esta conocida frase está íntimamente asociada con las leyes del tiempo y el espacio.
La ley de la recurrencia (volver a ocurrir) viene a decirnos que no hay nada
que no haya sucedido antes."*

en este preciso instante, más tarde puede resultarnos excesivo, agobiante, inadecuado. Siempre estamos atrayendo hacia nosotros lo que polariza nuestros excesos, nuestro desequilibrio. Por eso, al cabo de un tiempo ya no estamos a gusto en esa casa, porque ya no nos polariza. Por ejemplo, cuando entramos en una casa un día de calor y experimentamos una sensación de frescura, nuestro cuerpo recibe esta señal y la traduce en nuestra mente como una señal de «buen rollo» o «buenas vibraciones», que no son más que la polarización o equilibro de ese momento.

El cambio

Al encontrarnos en constante cambio, movimiento y polarización, nos resulta difícil concentrarnos. Saber qué es lo que nos conviene de forma definitiva no es tan fácil. Aplicando el sistema Feng Shui a través del diagnóstico personal, podemos determinar con más precisión lo que necesitamos. Aunque estemos en constante cambio, en realidad no nos movemos. Siempre estamos repitiendo los mismos procesos cíclicos o la ley de la recurrencia (volver a ocurrir).

El Ba-gua

Esta palabra simboliza en chino las nueve direcciones que representan el espacio tridimensional. Estas direcciones están regidas por las 9 estrellas, y representadas básicamente por sus símbolos universales, los nueve números del sistema matemático. También podemos interpretar el Ba-gua como la división de la energía en nueve fases o ciclos de cambio, que nos permite reconocer en qué punto se halla. Este tema se desarrollará en las páginas 98-104.

Energía del lugar o inmortal

Energía enferma del suelo o geopatía

Formas arquitectónicas naturales

Energía del entorno

Energía de la orientación

Energía de los antiguos moradores

PAISAJE SAGRADO

Cuando éramos pequeños, siempre dibujábamos el mismo paisaje; nos sale del alma: el sol, las nubes, la casa, el río, las montañas, algunas flores, árboles, etc. De adultos, seguimos dibujando mentalmente el mismo paisaje. No hemos cambiado este símbolo paisajístico, que corresponde al mapa del paisaje natural. Éstos son los símbolos del sistema Feng Shui. Podríamos decir que es nuestra interpretación personal y gráfica del espacio o **Ba-gua**, que se reproduce en cualquier lugar.

● Lugares sagrados

En todos los paisajes están marcados con especial énfasis los lugares sagrados. En el sistema Feng Shui, son las moradas naturales de los inmortales. En nuestra cultura occidental, se corresponde con las moradas de los dioses y corresponden a los dioses, a los santos, a los ángeles o a los protectores naturales. En todos los casos, estos lugares se ven favorecidos por la energía telúrica y especial que circula por todo el territorio. Y a su vez, por la energía estelar que rige ese punto en concreto. Esta fusión de energías celestes y terrestres o energía sagrada actúa generando así una puerta de entrada y de salida de energía, protectora y sanadora del lugar.

● **Símbolos celestes:** dioses, estrellas, planetas, constelaciones, guerreros estelares, ángeles, Santiago de Compostela (camino estelar)...

● **Símbolos terrestres:** dragones, animales sagrados, hadas, santos, manantiales y aguas termales, líneas ley, rutas telúricas...

LUGARES MÁGICOS

Un lugar mágico es aquel en el que puedes experimentar una transformación de lo más elevado y sublime de ti mismo. Para los religiosos, esto significa Dios, que está presente en todo. Para las personas con mentalidad agnóstica es un lugar donde las fuerzas ocultas de la naturaleza abren sus puertas y puedes penetrar en otros mundos. Según el sistema Feng Shui, un lugar así es aquel en que la energía superior o esencial del universo nos penetra, y nosotros penetramos y experimentamos otras realidades.

Detectar un lugar mágico

Los nombres del lugar suelen ser el primer indicio de un lugar mágico: nombres simbólicos definen los lugares mágicos. Los animales sagrados están presentes en el lenguaje mágico: la serpiente, conocida en las textos sagrados como serpiente del paraíso, alude a las fuerzas poderosas de la madre tierra, y el caballo, en lenguaje alquímico, representa la cábala. Otros signos claros de estos lugares son dólmenes, menhires o piedras con poderes magnéticos especiales, situados en líneas telúricas por las que circula la energía esencial de la madre tierra.

Se cree que estas imágenes de moais de la isla de Pascua representan guerreros que custodian una puerta a otras dimensiones.

Paisaje mágico

Es el que en sus formas cuenta con la presencia de animales simbólicos, seres extraordinarios, formas o energías telúricas especiales y objetos sagrados, por ejemplo, una serie de montañas podrían dar forma entre todas a una copa, el santo Grial, importante símbolo alquímico. Otros forman cruces trazadas por el propio terreno, cuevas, tumbas (casas de la eternidad), manantiales que generan corrientes de agua purificadoras y curativas.

Todos estos elementos y otros muchos le confieren el carácter mágico al lugar.

EL FUEGO Y LA LONGEVIDAD

Desde la Antigüedad se ha buscado la forma de alargar la vida, la inmortalidad o el eterno presente, y también el mantenimiento de la salud alejada del sufrimiento; en definitiva, la búsqueda de la perfección. Como resultado de esta búsqueda en todo el mundo, aparece un sistema de transformación de la materia que asegura la obtención de todas estas facultades.

La alquimia

Tanto en Oriente como en Occidente, los alquimistas, de forma oculta, experimentaron en sus laboratorios privados y secretos las transmutaciones de la materia y la energía en energías superiores, sutiles e inmortales, es decir, el plomo en oro. Muchos consiguieron resultados brillantes, y los transmitieron en escritos y libros que aún no hemos logrado entender.

El *Método para alargar la vida* es una obra de filosofía y medicina tradicional china que algunos maestros han aplicado, obteniendo resultados espectaculares. Uno de ellos vivió 252 años.

Algunos todavía se conservan en su estado original, ya que al no poderlos comprender, no hemos podido manipularlos. Otros han desaparecido por completo en las quemas de libros medievales, persecutorias y obsesivas de algunos gobernantes. Siempre velando para que el pueblo no se dé cuenta de las capacidades ilimitadas que tiene el ser humano.

En este punto, podríamos reflexionar sobre el hecho de que actualmente la ciencia ha podido demostrar que sólo desarrollamos un 3 por ciento de la conciencia o de las capacidades humanas. Algunos privilegiados han llegado un poco más lejos, pero no hemos pasado de un 10 por ciento. La pregunta sería ¿qué pasa con el 95 por ciento de nuestras facultades? Desde que nacemos hasta que morimos, sólo desarrollamos las funciones básicas: instintos animales y poca cosa más.

Los científicos de la antigüedad intentaban llegar un poco más lejos y algunos lo consiguieron. La prueba es que han dejado métodos diseñados de los procesos y las leyes que aún hoy en día desconocemos.

Entre éstos, destacan: Paracelso, padre de la medicina, y su aplicación mágica de las plantas medicinales; Lao-Tse y el taoísmo, el conocimiento del gran vacío; Hermes Trimegisto el tres veces grande, y la creación de la Tabla Esmeralda; Pitágoras y sus teoremas matemáticos, que explican el universo; Hipócrates; Buda, etcétera.

EL SIMBOLISMO

Los símbolos que representan los lugares sagrados son diferentes para cada cultura. En China, lo sagrado está simbolizado por animales poderosos, misteriosos y mágicos. En nuestra cultura ancestral, estos símbolos, mezcla de cultura céltica, romana y árabe, tienen diferentes nombres. La actual iglesia católica, síntesis de antiguas religiones, los convierte en santos. Por eso, en todos los lugares, podemos ver la ermita de San Pedro, la ermita de San Jorge, etcétera.

Griegos y romanos convirtieron los símbolos de la naturaleza en dioses, como Hefesto, el fuego, o Démeter, la tierra y la fertilidad de las cosechas, representados en esculturas y relieves que aparecen en diversos lugares, como en algunas fachadas del Ensanche barcelonés. Otras culturas, como la celta, convirtieron en símbolos a guerreros, príncipes y reyes.

Para nuestra cultura cosmopolita y la moda actual, los símbolos sagrados son una muestra de todos ellos, pero es importante resaltar que solo funcionarán aquellos que tengan sentido y vida propia para nosotros.

El simbolismo chino

En toda la filosofía oriental, los conceptos filosóficos están desarrollados de forma simbólica y abstracta. La razón es que la mente racional no puede comprender ciertos misterios de la naturaleza superior. Por eso, en la antigüedad, se usaba la analogía y el lenguaje hermético, que está diseñado más para la percepción interior que para la razón.

Los animales y su comportamiento son lo más parecido a las energías abstractas de las que intentamos hablar.

Los animales eran un símbolo, y aún hoy lo son, en el lenguaje onírico interpretativo de los sueños. Por ejemplo, soñar con un perro simbolizaba que algún antepasado reclamaba ofrendas y oraciones.

Los espíritus

En la tradición ancestral se contemplaban espíritus para todo. Cualquier realidad esconde su verdadera esencia. Esta esencia invisible de las «diez mil cosas» tiene un origen diferente en cada caso. También es lo que se considera en Occidente la ley de causa y efecto. Por tanto, la causa de toda realidad perceptible se encuentra en su espíritu, imperceptible para la mayoría, y es éste el que le proporciona vida o realidad concreta.

El espíritu o esencia de las cosas puede ser positivo y benéfico, negativo y maléfico o neutral. La tradición china contemplaba: espíritus de los antepasados (KUEI) y espíritus de la naturaleza (CHEN). Los espíritus de los familiares mantenían al hombre vinculado al fenómeno tiempo. Lo relacionaban con el pasado, manteniéndolo ligado al futuro a través de la descendencia. Es el sistema para perdurar en el espacio-tiempo gracias al culto familiar.

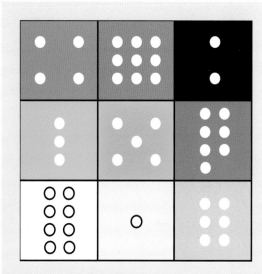

El descubrimiento de Fu Hsi

Este diagrama de números, conocido como Cuadrado Mágico, constituye la base del Feng Shui y de la astrología del Ki 9 estrellas.

Fu Hsi, el padre del Tai Chi y primero de los tres soberanos, que vivió hace más de cuatro mil años, lo descubrió al observar el dibujo grabado en el caparazón de una tortuga que emergió del agua. Por esta razón, se utiliza el símbolo de la tortuga para denominar el conocimiento más abstracto.

Ave fénix. Pájaro rojo

Tortuga

LOS ANIMALES SAGRADOS

La tortuga negra

Este animal mágico y misterioso, que viaja con la casa a cuestas, lleva grabados en su caparazón los símbolos de todo el universo, y en sí simboliza el Norte.

El Norte a su vez es un símbolo que significa «la parte de atrás», que nos protege del viento que viene del norte. En el paisaje simbólico, la tortuga representa las montañas que protegen la casa de los fríos, y en el simbolismo del cuerpo humano, simboliza la espalda y las costillas que guardan y protegen el tesoro más preciado: nuestro corazón, considerado el órgano más importante, el «emperador», según la medicina tradicional china.

El ave fénix rojo

Simboliza el horizonte, que en el paisaje debería ser la parte más abierta y lejana posible, para que nuestros ojos se pierdan en la inmensidad. Este misterioso pájaro tiene una serie de cualidades mágicas y también misteriosas. La más destacable es que nunca muere, sino que constantemente renace de sus cenizas.

En el sistema Feng Shui, el ave Fénix representa el Sur, que a su vez es un símbolo yang, el calor, la luz.

El dragón verde

Éste se encuentra situado a la izquierda de cualquier lugar. Representa el brazo izquierdo, que con su fuerza yang contractiva protege y ayuda activamente a mantener controlada la energía patógena de un lugar.

En la simbología del cuerpo, el lado izquierdo es por donde circula el yang, la energía masculina. Se corresponde con el este.

El tigre blanco

Simboliza la protección del brazo derecho yin expansivo, de un lugar, o lo que es lo mismo, la cadena de montañas que se encuentra en el oeste. En nuestro cuerpo, el tigre blanco es nuestro lado derecho o yin, la energía femenina.

La energía benéfica de un lugar depende de las protecciones de estos cuatro animales y de las relaciones creadas entre ellos, que se unen para impedir la entrada a energías maléficas o patógenas.

Las venas del dragón

Además de esta simbología, existen también las venas del dragón, que es una ruta terrestre por donde circula la energía simbólicamente llamada «el aliento del dragón». Esta valiosa energía contiene variedad de campos magnéticos, y la mayoría de las veces se manifiesta siguiendo una dirección magnética conocida como «perseguir al dragón». Consiste en seguir el rastro de esta ruta energética que suele unir cadenas de montañas. En el cuerpo humano es como el sistema circulatorio, las grandes arterias, las venas y los pequeños capilares. Hay venas del dragón coherentes, cohesionadas y dispersas.

No lo confundamos con el «vientre del dragón», denominación simbólica del lugar ideal para la casa de los antiguos emperadores. Estos lugares son muy escasos e inaccesibles para el pueblo en la antigua China.

Actualmente, podemos traducirlo en nuestra sociedad moderna por esas construcciones majestuosas que muy pocos pueden comprar, como sucede en Beverly Hills de California, donde viven las estrellas de cine, en el entorno del Palacio de Buckingham, cerca de la Casa Blanca o frente a Central Park en Nueva York, sólo accesibles a las grandes fortunas.

Tigre

Dragón

LOS 5 ELEMENTOS

Son las cinco clases de energía básicas, que combinadas entre ellas dan lugar a los 24 paisajes. Estos cinco elementos clasifican la energía de forma más fácil de comprender. Empezamos diciendo que el agua proporciona el nacimiento de la madera, la madera es la que da nacimiento al fuego, las cenizas del fuego surgen en la tierra, y en el interior de ésta nace el metal, que en su forma líquida es el agua. Este ciclo se denomina «creador» o «generador» porque un elemento genera al siguiente.

En la naturaleza, cualquier proceso de creación reproduce este ciclo. Paralelamente, coexiste otro ciclo destructor o de control por el que los elementos se destruyen el uno al otro para poderse crear de nuevo. En este ciclo se dice que la madera en exceso ahoga la tierra; la tierra en exceso absorbe el agua; el agua en exceso apaga el fuego, que a su vez funde el metal, el cual corta y destruye la madera.

Esta relación destructora genera un ciclo interminable de armonía, en el que cada elemento controla a los demás. En nuestra cultura decimos que para construir, primero hay que destruir; es inevitable, natural y necesario.

Madera

La madera se caracteriza por la energía que asciende, y se corresponde con la energía de la primavera. Cualquier fenómeno en el universo que posea estas características energéticas es clasificado como elemento madera.

Fuego

Se caracteriza por la energía ascendente y dispersante en todas direcciones. Se corresponde con el verano y cualquier objeto con esta energía se considera que pertenece al elemento fuego.

● Ciclo creador de la energía y ciclo destructivo o de control

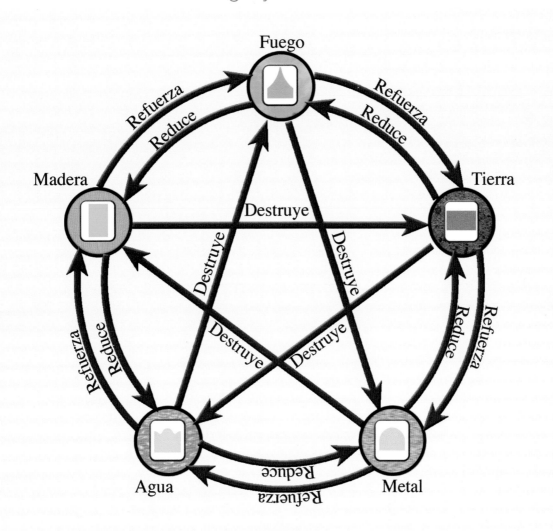

LOS 5 ELEMENTOS: Están en constante proceso de cambio y transformación, creándose, controlándose, destruyéndose para darse vida y crearse de nuevo. Conociendo estos ciclos podemos potenciar en nuestro hogar determinadas zonas, estimulándolas o reduciéndolas.

ELEMENTO/ SIGNIFICADO		CREA	CONTROLA	ES DESTRUIDO/A POR	NACE DE
Madera Este/sudeste 		la madera verde crea el fuego	la tierra	el metal	el agua
Fuego Sur 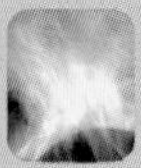		el fuego rojo crea la tierra	el metal	el agua	la madera
Tierra Suroeste/ Centro Nordeste 		la tierra amarilla crea el metal	el agua	la madera	el fuego
Metal Oeste/ noroeste 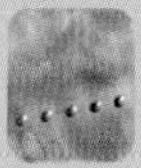		el metal blanco o plateado crea el agua	la madera	el fuego	la tierra
Agua Norte 		el agua negro azulado crea la madera	el fuego	la tierra	el metal

Tierra

Este elemento tiene tres características: se refiere al centro de la tierra, a la superficie de la tierra como energía nutriente y a la elevación de la tierra en forma de montañas. Las tres características juntas forman el elemento tierra, que dirige su energía hacia abajo y hacia el centro.

Cualquier fenómeno que reúna las características nutrientes y generadoras con movimiento hacia el Centro será clasificado como elemento tierra. Es la Madre Tierra.

Metal

El metal tiene una sola característica, que es la de concentrar la energía en un solo punto. Se corresponde con finales de otoño y es la capacidad de contraer.

Agua

El agua y su movimiento característico, la fluctuación ondulante, nos recuerda que cualquier energía regida por este movimiento pertenece al elemento agua. Representa el invierno, cuando la energía está bajo el suelo y se mueve fluctuando por las raíces.

Analogía de los 5 elementos

Para comprender con más facilidad estos procesos entre los 5 elementos, analizamos el ciclo por el que pasa la energía o chi durante

un año, reproduciendo las características de cada elemento.

Comparamos los movimientos de la energía con el recorrido de la savia en un árbol. En primavera, la savia sube por el tronco hasta llegar a las ramas en forma de energía ascendente y como elemento madera. A partir de las ramas, la energía se expande en todas direcciones, dando vida a las hojas, flores y frutos. Esta expansión se corresponde con el elemento fuego, el verano.

Durante el siguiente proceso, a principios de otoño, cuando la savia se recoge, vuelve a las ramas y caen las hojas, da lugar al elemento tierra, coincidiendo con el principio del otoño; esta misma savia sigue descendiendo y se concentra toda en el suelo, dando lugar al elemento metal, a finales de otoño. En este momento podemos podar los árboles sin dañarlos, porque la savia está guardada en el suelo.

Y finalmente, la savia comienza a fluctuar por las raíces, haciéndolas crecer en todas direcciones durante el invierno. Este es el elemento agua, que de nuevo, al final del invierno, regresa por las raíces y empieza a subir por el tronco, dando lugar al nacimiento de la primavera, el elemento madera.

En China, la naturaleza se considera un ser vivo, que respira. Los chinos hablan del viento inhalador y exhalador de la naturaleza, el que expande y el que contrae, yin y yang de nuevo.

EL ZODÍACO CHINO

Un aspecto de la sabiduría del Feng Shui se basa en el zodíaco chino, que constituye una parte de la relación entre las energías cósmicas con cada persona. La energía particular de cada persona está representada por uno de los doce animales del zodíaco chino, símbolos espirituales que representan cualidades inherentes a nuestra personalidad. Pueden considerarse como energía mental o psíquica e incluyen cualidades como la persistencia, la sensibilidad y la capacidad de adaptación.

Según este método astrológico, las cualidades de cada animal son una analogía de las capacidades energéticas de cada persona regida por este signo. Comprender la esencia del carácter de cada animal nos ayudará a comprendernos mejor.

Ciclos de energía

Los chinos tienen una visión del mundo y de todo lo que hay en él como un conglomerado de las cinco energías básicas de la naturaleza o los 5 elementos. En esta clasificación también están incluidos los años. Todos son diferentes y cada uno tiene una cualidad que le asigna un animal simbólico. El ciclo completo son 60 años y siempre comienza con la rata de madera, que siempre es yang, y termina con el jabalí de agua, que es yin.

El presente ciclo de 60 años empezó en 1984 y terminará en 2044. Este ciclo es para ellos un año celestial. Según la filosofía oriental, todos tenemos la oportunidad de vivir uno por lo menos. Se contempla la posibilidad de que alguien pueda vivir dos ciclos. Éste sería un tiempo extraordinario.

Los animales y los 5 elementos

agua-norte-jabalí-rata-búfalo

metal-este-perro-gallo-mono

fuego-sur-cabra-caballo-serpiente

madera-este-tigre-conejo-dragón

tierra-centro-serpiente

- El zodíaco chino

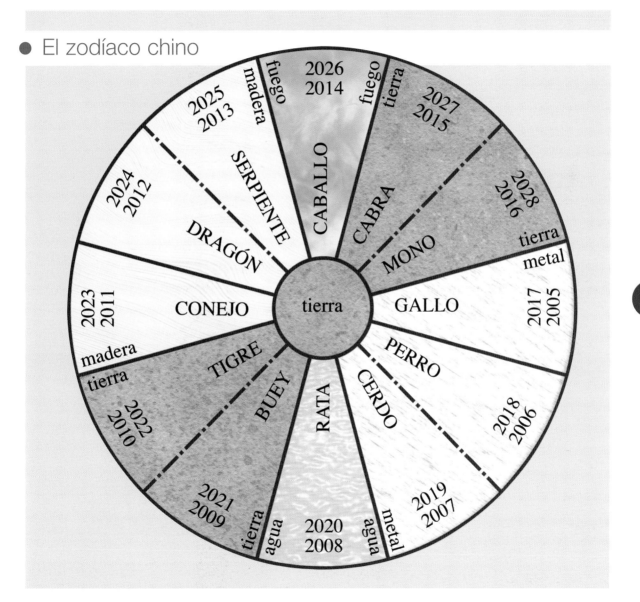

45

INTRODUCCIÓN A LOS TRIGRAMAS

Todo cuanto existe sobre la Tierra sólo es una forma transitoria del aspecto de alguna influencia celeste. Todo lo terrestre tiene su contrapartida en el cielo que lo rige. Contemplemos la belleza de la naturaleza: colinas, valles, ríos, prados, etcétera: para el geomante chino sólo es un reflejo apagado del firmamento resplandeciente que llamamos cielo.

Todos los astros se reflejan en la tierra. Estas tablas jeroglíficas que muestran la interacción del cielo con la tierra son los ocho trigramas de las ocho direcciones más el Centro, que es la no-dirección.

Cada trigrama expresa una energía completa, que a su vez entra en contacto y relación con los otros trigramas, y ellos son la esencia gráfica y abstracta de las 9 estrellas.

EL CENTRO Y EL DOJO: El centro corresponde al elemento Tierra. No tiene ningún trigrama ni ninguna característica específica. Es el reflejo de lo que le rodea en cada momento. En situación extrema, adopta el trigrama del número 8 o el del número 2. El dojo representa periodos de cambio entre las estaciones.

ESTRELLA 5 CENTRO

VACÍO

TAI-CHI

TRIGRAMA	En ocasiones el 8 o el 2
ELEMENTO	Tierra
SÍMBOLO	el centro de la tierra
FAMILIA CÓSMICA	refleja a todos
KI 9 ESTRELLAS	5
COLOR	incoloro
HORA DEL DÍA	no tiene
ESTACIÓN	los dojos
EN LA CASA, SIMBOLIZA	el centro

SIMBOLIZA EL CENTRO

Es el centro del espacio, la no dirección, el vacío. Tiene cualidades de constante cambio y plenitud en sí mismo, aunque siempre dependiendo de lo que le rodea. Es la pura flexibilidad, la adaptabilidad y el reflejo del entorno. El centro de la casa, en muchas culturas, como la árabe, se representaba con el patio central abierto. Es ideal reflejarlo en todo tipo de construcción.

DOJOS O CICLOS DE CAMBIO

CAMBIO

DOJO

Esta particular energía se corresponde con los periodos de tránsito, es decir, cuando una estación pasa a otra no lo hace directamente, sino a través del dojo. Es un ciclo de unos 15 o 20 días en el que se mezclan la energía anterior y la posterior, una para morir y la otra para nacer. Estos son los periodos más importantes para producir los cambios de casa, de mobiliario, de ubicación en la casa o para iniciar un sistema curativo.

EL DOJO EN RELACIÓN CON LA CASA

En estas fases de cambio, todos nos sentimos con muchas ganas de cambiar cosas en casa; de hacer limpieza, ordenar, eliminar objetos inútiles o que nos parecen inútiles. Es importante aprovechar estos ciclos energéticos dejándolos fluir junto con el periodo de tránsito. Es el momento idóneo para programar proyectos futuros y concretarlos.

LOS TRIGRAMAS: Son tres líneas que pueden ser continuas o estar partidas. Es la representación gráfica de tres niveles de yin y de yang. Dependiendo de en qué campo lo vamos a aplicar tiene diferente significado. En el I-Ching encontramos la combinación de dos trigramas que generan un hexagrama.

ESTRELLA 1 NEGRO NORTE

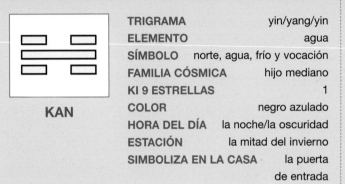

KAN

TRIGRAMA	yin/yang/yin
ELEMENTO	agua
SÍMBOLO	norte, agua, frío y vocación
FAMILIA CÓSMICA	hijo mediano
KI 9 ESTRELLAS	1
COLOR	negro azulado
HORA DEL DÍA	la noche/la oscuridad
ESTACIÓN	la mitad del invierno
SIMBOLIZA EN LA CASA	la puerta de entrada

SIMBOLIZA LA PUERTA DE ENTRADA
Simboliza la dirección de donde viene la energía que entra en la casa. Todo lo que suceda en el interior dependerá de la entrada. Ésta regula el flujo de la energía, creando una barrera clara para separar el interior del exterior. Simboliza el cambio constante hacia dentro. En el cuerpo, simboliza la boca, por donde entra todo tipo de alimentos y salen nuestras emociones, ideas, etc.

ESTRELLA 8 MONTAÑA AMARILLO NORDESTE

KEN

TRIGRAMA	yang/yin/yin
ELEMENTO	la tierra
SÍMBOLO	montaña
FAMILIA CÓSMICA	hijo menor
KI 9 ESTRELLAS	8
COLOR	amarillo
HORA DEL DÍA	alba
ESTACIÓN	inicio de la primavera
SIMBOLIZA EN LA CASA	entrando a la izquierda

SIMBOLIZA ENTRANDO A LA IZQUIERDA
Esta dirección de la energía es la que nos proporciona el punto de relax e interiorización más alto que podemos conseguir en una vivienda. De esta área recibimos la energía para inspirarnos, reflexionar, meditar, abstraernos y entrar en comunicación con nuestro ser más elevado. Este lugar es ideal para cocina, dormitorio, sala de estar, juegos para niños, baño.

LAS 9 DIRECCIONES: Concretan la energía que estamos utilizando en cada una de ellas. Para saber cuáles nos convienen y cuáles no, debemos conocer la esencia de cada una de ellas.

ESTRELLA 3 VERDE ESTE

CHEN

TRIGRAMA	yin/yin/yang
ELEMENTO	la madera
SÍMBOLO	el trueno
FAMILIA CÓSMICA	el hijo mayor
KI 9 ESTRELLAS	3
COLOR	verde esmeralda
HORA DEL DÍA	amanecer/mañana
ESTACIÓN	la primavera
SIMBOLIZA EN LA CASA	a la izquierda, en medio

SIMBOLIZA A LA IZQUIERDA, EN MEDIO

Esta dirección, que tiene la energía del trueno, es la que nos facilita el contacto con nuestra familia y nuestros antepasados. Con esta energía, estimulamos constantemente el vínculo con ellos. Zona ideal para baños, juegos para niños, habitación de invitados, vestidor.

ESTRELLA 4 VERDE OSCURO SUDESTE

SUN

TRIGRAMA	yang/yang/yin
ELEMENTO	la madera
SÍMBOLO	el viento
FAMILIA CÓSMICA	la hija mayor
KI 9 ESTRELLAS	4
COLOR	verde oscuro
HORA DEL DÍA	media mañana
ESTACIÓN	final de la primavera/ comienzo del verano
SIMBOLIZA EN LA CASA	el fondo a la izquierda

SIMBOLIZA EL FONDO A LA IZQUIERDA

Con esta dirección encaramos la energía que atrae hacia nosotros las bendiciones de la fortuna. En esta área de la casa deberíamos llevar a cabo todas nuestras actividades creativas, porque, con esta energía del sudeste nos sentimos activos y muy creativos. Ideal para colocar nuestra oficina privada si desarrollamos negocios y sala de estar o comedor para llevar a cabo reuniones de familia.

LA FAMILIA CÓSMICA: Los símbolos orientales y abstractos del Ki 9 estrellas están organizados como una familia. Este sistema nos permite comprender e interpretar con más facilidad su significado y familiarizarnos con ellos. Las relaciones que mantienen nos muestran claramente el proceso de la energía.

ESTRELLA 9 FUEGO ROJO SUR

LI

TRIGRAMA	yang/yin/yang
ELEMENTO	el fuego
SÍMBOLO	el fuego
FAMILIA CÓSMICA	hija mediana
KI 9 ESTRELLAS	9
COLOR	rojo violáceo
HORA DEL DÍA	mediodía
ESTACIÓN	la mitad del verano
EN LA CASA, SIMBOLIZA	el frente

SIMBOLIZA EL FRENTE

Símbolo de nuestro horizonte o proyectos. Esta dirección construye nuestra imagen externa. Esta área de la casa tiene una importancia vital en la percepción de los demás sobre nosotros. Desde este punto nos promocionamos y nos vendemos. La cocina, el comedor, la sala de estar y la biblioteca son ideales. El baño es problemático en esta área.

ESTRELLA 2 MARRÓN OSCURO/NEGRO SUROESTE

KUN

TRIGRAMA	yin/yin/yin
ELEMENTO	la tierra
SÍMBOLO	el suelo que alimenta
FAMILIA CÓSMICA	la madre/ la mujer más vieja
KI 9 ESTRELLAS	2
COLOR	marrón oscuro /negro
HORA DEL DÍA	la tarde
ESTACIÓN	final del verano/ dojo
EN LA CASA, SIMBOLIZA	el fondo a la derecha

SIMBOLIZA EL FONDO A LA DERECHA

Desde esta dirección captamos la energía más yin, femenina, que viene hacia nosotros. Ideal para zona de descanso, específicamente de mujeres. La energía femenina es muy importante en la casa, porque de ella depende la estabilidad de todo. En esta zona también es idóneo llevar a cabo la unión yin y yang, el hombre y la mujer. Es idóneo para el dormitorio de matrimonio, sala de estar, cocina y sala de TV.

EN LA CASA, SIMBOLIZA: Todos los conceptos que hemos manejado hasta aquí fusionados se convierten en símbolos, y concretándolos en nuestra casa se traducen en información concreta.

ESTRELLA 7 BLANCO DORADO OESTE

TUI

TRIGRAMA	Yin/Yang/Yang
ELEMENTO	el metal
SÍMBOLO	el lago o el océano
FAMILIA CÓSMICA	hija menor
KI 9 ESTRELLAS	7
COLOR	rojo cobrizo
HORA DEL DÍA	el atardecer
ESTACIÓN	el otoño
EN LA CASA, SIMBOLIZA	a la derecha, el espacio de en medio

SIMBOLIZA LA DERECHA, EL ESPACIO DE EN MEDIO

Esta energía del lago atrae hacia nosotros nuestros proyectos y nuestra continuidad. Es el espacio natural donde cualquier niño de la casa desea estar. Ideal para dormitorio infantil, sala de juegos, dormitorio de invitados, sala de estar, cocina y baño.

ESTRELLA 6 METAL BLANCO PLATEADO NOROESTE

CHIEN

TRIGRAMA	Yang/Yang/Yang
ELEMENTO	el metal
SÍMBOLO	el cielo
FAMILIA CÓSMICA	el padre, "el padre cielo"
KI 9 ESTRELLAS	6
COLOR	blanco plateado
HORA DEL DÍA	el final de la tarde/ anochecer
ESTACIÓN	final del otoño/el invierno
EN LA CASA, SIMBOLIZA	entrando a la derecha

SIMBOLIZA ENTRANDO A LA DERECHA

Ésta es el área más yang de la casa, donde se estimula toda la masculinidad. Desde esta zona atraemos las relaciones de amistad sincera. Ideal para actividades masculinas, dormitorio de solteros, cocina, comedor y sala de estar.

*"En Occidente,
la familia cósmica
está representada
por los cinco planetas
visibles a simple vista:
Mercurio, Venus, Marte,
Júpiter y Saturno,
junto con el Sol
y la Luna."*

LA FAMILIA CÓSMICA

El conjunto de energías representadas por los ocho trigramas más el centro forman una «familia cósmica». Esto significa que las relaciones creadas entre ellos son las mismas que en las familias biológicas.

Los vínculos energéticos se comparan con los vínculos de sangre, ya que como hemos dicho anteriormente, el fluir de la energía en el paisaje crea las venas del dragón. En Occidente, la familia cósmica está representada por los siete días de la semana, que corresponden a los cinco planetas más el Sol y la Luna. La estructura de esta familia cósmica es: desde el máximo yang masculino, el padre, que crea descendencia yin, hijas (madera 4, fuego 9, metal 7), al máximo yin femenino, la madre, de donde provienen los hijos varones (madera 3, agua 1 y tierra 8).

Profundizando en el estudio de estos signos o personalidades, comprendemos mejor la esencia del carácter de cada persona. De esta forma, a veces descubrimos que nuestro hijo pequeño, que está bajo la influencia del elemento metal 6, se comporta como si fuera nuestro padre; esto es correcto, deberíamos reconocerlo y cederle esta facultad, y si no, nosotros ocupamos el lugar del hijo pequeño, debemos dejarnos guiar y aconsejar por él. Así es como funcionan la energía y el cosmos.

FENG SHUI YIN O DE LA MUERTE

El Feng Shui se creó para orientar las moradas de los muertos. Esto significa elegir correctamente el lugar donde deben colocarse las tumbas de los antepasados. Este método sostiene la creencia de que la fortuna, salud y honores de los vivos dependen directamente de los antepasados muertos, sobre todo de la posición y orientación del lugar de enterramiento. Los más antiguos textos de Feng Shui se referían al Feng Shui Yin o Feng Shui de la muerte. Este procedimiento estaba basado en el empeño de conseguir que ninguna estrella o planeta sobre el cielo, ningún elemento bajo la tierra, ningún «viento de la naturaleza», ninguna nefasta asociación de colinas llegue nunca a perturbar el descanso eterno de los muertos.

Esta intención se asienta en la creencia de que de esto depende la fortuna o la desgracia de los vivos.

Actualmente, en nuestros hogares modernos, también contemplamos esta característica del Feng Shui Yin. Ha cambiado mucho el sistema de tratar con nuestros antepasados y ya no se llevan a cabo los rituales para ayudar a mejorar el proceso de la muerte. Por esta razón, en algunas viviendas todavía encontramos las energías

En el antiguo Egipto, al morir, las almas eran acompañadas por el dios de la muerte, Anubis ante un tribunal presidido por Osiris, y pesadas contra una pluma, pues sólo si las almas eran puras podían continuar existiendo.

segunda es yin femenino y se corresponde con el ánima de la Tierra. El ánimus es el espíritu y todo lo relacionado con él. El ánima es la materia o el aspecto animal. El ánimus regresa al cielo y el ánima a la Tierra, es decir, regresan a los orígenes de donde surgieron. Es la energía anímica que puede transmutarse alquímicamente. Por esta causa-efecto, las almas de los antepasados fallecidos están tan presentes junto a nosotros como los elementos de la naturaleza. Nada se destruye, sólo se transforma.

Las cinco fortunas

En la cultura china, la máxima aspiración de una vida humana eran las cinco fortunas. La riqueza, el honor, la longevidad, los niños y la muerte pacífica eran consideradas las cinco fortunas a las que se podía aspirar. El Feng Shui se desarrolló para facilitar su obtención.

Edificios relacionados con la muerte

En nuestro entorno inmediato podemos detectar la presencia de edificios dedicados a actividades relacionadas con la muerte.

En nuestra cultura, este tema no suele gustarnos, porque no hemos sido preparados para comprender este proceso natural.

En algunos libros de Feng Shui se aborda este tema como algo especialmente negativo, sin demasiadas explicaciones. Nos recomiendan

estancadas de personas que han muerto mientras vivían en ese lugar. Es un fenómeno natural, para tratar con el cual deberíamos estar preparados, sin asustarnos ni colapsarnos.

El alma

En la filosofía oriental, base del Feng Shui, se contempla el «viento que anima» (espíritu). Esta energía es doble, y se divide en ánimus y ánima. El primero es la energía de la naturaleza manifestada en la fuerza yang de la naturaleza, la no vivir en áreas próximas a estos lugares, pero el crecimiento urbanístico ha invadido las zonas que antes se mantenían apartadas de la vida humana.

Esto ha provocado que muchas viviendas tengan en su inmediata proximidad cementerios, tanatorios y hospitales. Las energías que se mueven alrededor del fenómeno de la muerte son opuestas completamente a las energías que necesitamos para mover el fenómeno vida. La enfermedad es un punto transitorio entre una y otra. Estas actividades afectan seriamente a la energía de la vida, pero en la medida que comprendemos profundamente que es un proceso natural, inevitable para todos, podemos aceptarlo con más simplicidad y relajarnos ante estas posibles amenazas de estas energías.

Cómo balancear este impacto

El primer paso es positivizar nuestra mente y comprender todos estos conceptos como algo muy positivo. Hemos visto antes los ciclos de la energía, y el ciclo destructivo es imprescindible para dar vida al ciclo generador. Éste es un claro ejemplo del tema que estamos tratando.

En algunas culturas, como la hindú, en que la muerte representa una transición a otro estado, este fenómeno se afronta cotidianamente sin escrúpulo alguno: el cuerpo del difunto se quema al aire libre en lugares destinados a tal efecto. La aceptación total de estos procesos es un elemento de equilibrio que nos facilitará el vivir cerca de estos sitios. Nuestra mente es la principal creadora y transformadora de la energía. Con nuestro pensamiento podemos crear cualquier protección y cualquier efecto contrario. No olvidemos que la energía del pensamiento es más rápida que la luz, por esto nos resultará muy fácil cambiar en positivo todo aquello que nos parece negativo.

"Para los antiguos, la conservación eterna del cuerpo después de la muerte era muy importante, ya que consideraban cualquier agresión al mismo como un obstáculo para la evolución del alma."

56

CASAS PARA LA MUERTE

Cementerios

Este lugar, preparado para la descomposición del cuerpo, a veces emana energías desintegradoras, pero si somos capaces de amar la vida intensamente, no nos afectará. No debemos cultivar el miedo. Bendecirlo y aceptarlo de lleno, saber ver la belleza de la mutación nos protegerá de estas energías.

Hospitales

Estos edificios contemplan tres tipos de energía diferentes: la de los nacimientos, la de la muerte y las defunciones y la de la enfermedad y la curación.

● **La energía de los nacimientos** es altamente positiva. Cuando nace un niño, se produce un campo de energía de gran intensidad. Este proceso energético lleva a las personas relacionadas con el evento a un estado muy beneficioso para su salud y para su energía. A este proceso, los antiguos, como hoy, lo denominaban «el alumbramiento» o «dar a luz».

Vivir cerca de uno de estos lugares puede representar un estímulo constante, mejora nuestra orientación y aclara nuestros objetivos en la vida.

● **La energía del proceso de la muerte** causa gran impresión y nos invade cuando le sucede a alguien que amamos. Nos recuerda que somos vulnerables y que este proceso nos está esperando y nos ayuda a modificar nuestra actitud y a corregir algunos errores y a ser mejores. Nos estimula en gran medida a reflexionar sobre nuestra vida y a amarnos más y aprovechar mucho mejor el tiempo que nos queda.

● **La energía de la enfermedad y la curación** se manifiesta por la alteración y el bloqueo de los campos electromagnéticos de nuestro cuerpo. Esta energía conlleva situaciones a veces extremas, que pueden provocar la muerte, y los hospitales, y los mayores en una medida más grande, suelen ser el receptáculo final de estas energías.

La gran cantidad de gente enferma provoca grandes campos de energía alterada que se expande hacia su entorno. Quienes conocemos este tema en profundidad sabemos que la energía de la curación, altamente positiva, es atraída en grandes cantidades hacia esos lugares, creando un constante balanceo de energías positivas y negativas. Debemos sumarnos intensamente con la mente a la energía positiva de la curación, para contrarrestar estos efectos y ayudar a la gente a sanar.

● Para conocer el futuro, estudia el pasado. Los antiguos consideraban la muerte como volver a casa, y la vida como salir de ella. En la foto, hospital modernista.

Funerarias y tanatorios

Estos lugares, donde se comercia con el ritual de la muerte, tienen una función muy importante en este proceso. Cuidan y embellecen con sus técnicas, las flores, los tapizados, ornamentos con símbolos sagrados, los traslados, la música y la ceremonia, la imagen tétrica de la muerte. Nos recuerdan a culturas anteriores por su gran riqueza de rituales. El tratamiento del cadáver, maquillaje, conservación, vestuario, embalsamamiento, nos conectan con rituales de la antigüedad, como los egipcios. Es muy positivo visualizar estos cuidados y actividades como algo necesario y favorecedor para el difunto.

Iglesias y templos

Son lugares sagrados por excelencia, donde se sitúan los rituales relacionados con las actividades anteriores, nacimientos y defunciones. Los templos son el único lugar en que se han aplicado los principios del sistema Feng Shui totalmente, es decir, al cien por cien, mediante los principios o ciencias equivalentes que regían en nuestra cultura en aquellos tiempos, empezando por la arquitectura y siguiendo con la rabdomancia, la radiestesia, la alquimia, la astrología, la matemática, etcétera.

En estos lugares, hoy casi olvidados, podemos encontrar la paz, la armonía, el silencio, la inspiración y la contemplación que faltan en el paisaje urbano.

Muy poca gente se siente atraída por estos espacios, ya que, a pesar de que el gran silencio, la paz, la soledad y la austeridad que presiden estos lugares deberían calmarnos, a algunos les provoca tensión.

No debemos olvidar que el gran templo del espíritu es el cuerpo humano y que, en lugar de considerarlo así, frecuentemente lo maltratamos sin tener en cuenta esta cualidad.

En realidad, este tipo de construcciones sólo pretenden ayudarnos a conectar en nuestro templo interior con «el gran espíritu» que nos guía. A lo largo de la vida se presentan muy pocas ocasiones de poder culminar el proceso que nos lleva directamente al espíritu.

Para los antiguos egipcios, la muerte era una renovación hacia un estado más elevado de la vida.

59

LA ENERGÍA DEL LUGAR

El concepto de inmortal está muy absorbido por los símbolos o mitos de las religiones. Suele tener el nombre de un santo, un dios, un planeta, una constelación...

LA ENERGÍA Y EL PAISAJE

Con el sistema Feng Shui diagnosticamos constantemente las energías que afectan una vivienda. Estas energías son muy variadas y de muy diferente esencia. También hay un orden a la hora de precisarlas. Vamos a seguir este orden. Para empezar, siempre debemos observar el conjunto de elementos que dan vida a «el lugar». Esta terminología, muy arraigada también en nuestra cultura, define la energía de más alto voltaje que reina y afecta un paisaje que, en nuestra tradición hace referencia también al señor del lugar. La palabra paisaje deriva del término «país»; por tanto, sería correcto decir «la energía que rige en un país», entendiendo como tal un territorio tradicionalmente homogéneo, física o culturalmente. Es el lugar de nacimiento o de origen, influenciado por una misma energía, y regido por un «inmortal». Es decir, por una estrella que le confiere un carácter determinado y lo dota de unas aptitudes para afectar y modificar todos los fenómenos que suceden en ese lugar particular.

EL INMORTAL DEL LUGAR

Está reconocido desde el origen de los tiempos en todas las culturas, y también en la nuestra. Este inmortal suele coincidir con el punto estratégicamente mejor orientado, más favorecido, más alto y visible del lugar.

Antiguamente, en la cultura pagana se le daba este mismo nombre: «el señor del lugar», que se convirtió más tarde en el nombre del santo de turno. Esta energía poderosa, trascendente, penetra en todo el lugar y confiere ese mismo poder a las gentes que han nacido ahí. Hoy día, podemos ver algunos inmortales venidos a menos, rodeados de autopistas, fábricas, urbanizaciones. Y esta energía se ve muy dañada.

En las antiguas creencias, éste sería el origen de la mala suerte para ese lugar. El inmortal prote-

ge de las energías patógenas y procura atraer hacia el lugar las 5 fortunas.

LOS TEXTOS ANTIGUOS

Esta idea procede del antiguo Oriente y se encuentra en la medicina tradicional china, una medicina sistemática y analítica, basada fundamentalmente en historias clínicas que consideran siempre al ser humano en la totalidad y su relación con el mundo exterior. Este sistema, que se remonta al siglo XXI a.C., se ha venido utilizando con indudable éxito desde entonces por unos dos mil millones de personas si juntamos todos los países de influencia china, como Taiwán, Vietnam, Indochina, Indonesia, Nepal, Camboya, Corea, etcétera. En los textos clásicos *Shi-Jin* y *Neijing* encontramos la terminología «energía patógena externa», productora de deficiencia, que muestran desde el principio que cierta energía del lugar, que es la que nos interesa, es considerada fuente de enfermedad.

El primer canon del Emperador Amarillo fue el *Neijing*, obra de fundamento teórico básico de toda la medicina, uno de cuyos textos es el *Método para alimentar la vida*. Estas enseñanzas no han sido todas ellas traducidas y mostradas al pueblo, pero algunos volúmenes sí se han mostrado. Por ejemplo, los ocho volúmenes del *Suwen*, que analizan todo lo relativo a los movimientos del cielo y de la tierra, los principios generales de transformación de todas las cosas, los signos de la vida y de la muerte. Para aplicar estas enseñanzas, debemos comprender los seres de la naturaleza, la esencia intrínseca de las cosas, los fenómenos pasados, presentes y futuros, y conocer las obras clásicas y antiguas, fuente de toda sabiduría.

CÓMO EMPEZAR

Cuando llegamos a un lugar y nos disponemos a estudiar a fondo la energía que reina en este sitio, el primer paso es verificar la energía del lugar. Ésta, posiblemente, es una de las tareas más difíciles de todo el sistema Feng Shui.

Pocas personas están capacitadas para percibir e interpretar al inmortal. Como hemos dicho antes, ésta es la influencia más fuerte en una vivienda. Es la energía que le infunde carácter y personalidad a una casa.

"Atraer las cinco fortunas es el objetivo de la filosofía y la ciencia orientales. En Occidente lo llamamos la búsqueda de la felicidad."

En este punto, debemos decir que cada lugar proporciona unas características energéticas concretas, y que no siempre son exclusivamente positivas. Suelen tener las dos caras, como todo en el universo. Es necesario entender que «negativo» no es sinónimo de malo, sino de destructor o corrector de ciertas energías.

Teniendo en cuenta que en los ciclos naturales todo pasa por el proceso de destrucción (regeneración) para la transformación y la creación, vamos a dejar claro que el proceso destructivo es abordado aquí como fenómeno natural correcto. La teoría del cambio según las estaciones es un pilar teórico principal de la medicina tradicional china y de la filosofía oriental que constituye uno de los fundamentos que utiliza el «método para alimentar la vida».

El yin y el yang de las cuatro estaciones es la base del cambio para todas las cosas: cielo y tierra, yin y yang, las cuatro estaciones, son el principio y el fin de todas las cosas, son la base de la vida.

Invertir estas leyes es hallarse en situación peligrosa, y actuar de acuerdo a ellas es encontrarse protegido de cualquier enfermedad. Estar bajo las leyes yin y yang es vivir, invertirlas es morir.

EL CHI Y EL CUERPO HUMANO

Cuando hablamos del chi en el cuerpo humano estamos haciendo referencia a varios tipos de energía, de los cuales hablaremos de tres:
● el resultado del código genético.
● los principios inmediatos, procedentes de la alimentación.
● el oxígeno de la atmósfera.

También podemos decir que la suma de los tres equivale a la energía funcional de los órganos internos, y genera toda la actividad del organismo a través de los canales de circulación de la energía, o los meridianos de la acupuntura. El chi circula por todo el organismo.

Esta teoría del cuerpo humano se desarrolla considerando al cuerpo como un todo entero que vive en estrecha e inseparable unión con el entorno. Esto significa que cualquier cambio en el entorno repercute en el organismo humano, obligándolo a reaccionar y responder de forma fisiológica y patológica.

Diferentes energías

La energía que entra en un lugar puede ser positiva, neutra o malévola según la dirección de la puerta de entrada. Saberlo entraña complicados cálculos que deben realizarse en cada caso. Las energías nutrientes producen fuerzas benévolas y las energías destructivas producen fuerzas malévolas.

Lugar de nacimiento

El lenguaje chino es muy enérgico y sutil. Fue diseñado para aludir constantemente a la analogía. En nuestra cultura, las palabras tienen un significado preciso, sirven para describir la esencia de los objetos a partir de un concepto, pero a la hora de nombrar un lugar, se ha perdido el significado original, la relación del nombre con su origen.

La esencia de las palabras

La mayoría de nombres de persona anglosajones proceden del lugar donde nacieron, que en celta antiguo pueden significar «lugar en el prado rodeado de álamos», que nombraba al pueblo que estaba en ese sitio. Con el tiempo, estos conceptos se han perdido. En cambio, en la cultura china se conservan intactos. Allí, los lugares llevan nombres que describen la energía del lugar, como «ciudad a la derecha del río», «ciudad al norte del valle», etcétera. En el corazón mismo de las palabras puede descubrirse el embrión de numerosas concepciones y mitos.

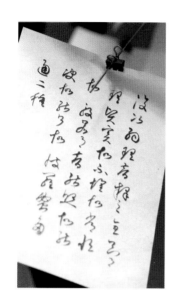

65

"El origen de las palabras alude o corresponde a la energía básica de cada cosa, y la representa gráficamente."

LA ENERGÍA
DEL ENTORNO

Algunas ciudades no están aparentemente diseñadas para vivir, sino que su único objetivo es servir de dormitorios a trabajadores que están de paso.

LA ENERGÍA EN EL UNIVERSO

En el sistema Feng Shui se habla de muchos conceptos, símbolos abstractos, principios, leyes, métodos, organigramas, fórmulas logarítmicas, etcétera, pero todos ellos tienen un objetivo en común: ayudarnos a percibir, visualizar, detectar y comprender cómo fluye la energía por el universo. Aunque hablemos de ella continuamente, seguimos sin conocerla, por eso seguimos insistiendo. Sólo ella nos abrirá la puerta a los misterios e interrogantes para los que no encontramos respuesta.

El vacío

Es la energía que no tiene peso ni densidad, por esto es invisible, pero vibra constantemente y hace vibrar todas las cosas. La física moderna está empezando a reconocer que el vacío en realidad no existe.

En la materia, todo lo que tiene forma ocupa un espacio, por eso decimos que tiene cuerpo. Toda la materia se organiza de forma dual, es decir, opuesta y complementaria, una parte y la contraria. Por esto, el cuerpo físico tiene como contraparte el cuerpo no físico.

Cuando esta materia se concreta, toma forma y se organiza polarizándose, produce:

● lo concreto — lo inconcreto
● lo visible — lo invisible
● la forma — la no-forma

67

"LA ENERGÍA
es la carga magnética
y eléctrica que rodea todas
las cosas: incluyendo las
montañas, la tierra
y todos los astros.
Podemos decir que
es la atmósfera
que rodea el espacio
o que llena el vacío."

Cuando observamos el entorno de una vivienda, decimos que hay que observar y hacer una lectura sobre las formas y las no-formas que la rodean. Por eso, vamos a mostrar unos ejemplos de la energía del entorno.

Primero vale la pena que diferenciemos el entorno inmediato del entorno general.

El entorno inmediato

El entorno inmediato está formado por aquellas formas, edificios en la ciudad, montañas y vegetación en el paisaje natural que rodean completamente una vivienda.

Las formas que rodean una vivienda definen la energía que le da vida. Estas formas deberían ser variadas y lo más parecidas posible a los 5 elementos o a las 5 transformaciones de la energía.

Es decir, deberíamos poder leer en el entorno las formas de tierra, de agua, de metal, de fuego o de madera.

En la realidad, estas formas se concretan en formas redondeadas, ondulantes, alargadas, horizontales, altas, bajas o con puntas.

Las formas redondeadas o de agua imitan las formas orgánicas de la naturaleza: la obra viva de Gaudí.

EL ENTORNO: El conjunto de formas y rasgos que se divisan desde nuestra vivienda según el sistema Feng Shui puede beneficiarnos o perjudicarnos. Las formas rectas, los edificios de estructuras metálicas, desproporcionadas, amenazadoras y las flechas secretas son los rasgos más fáciles de reconocer en la energía del entorno, que pueden apuntar directamente hacia nuestra vivienda.

● **AGUA**

Las formas ondulantes, redondeadas y armónicas facilitan el movimiento del chi positivo de nuestra vivienda.

● **MADERA**

Los grandes bloques desproporcionados suponen una influencia amenazadora para nuestra vivienda y la ciudad.

● **FUEGO**

Las formas puntiagudas del fuego proporcionan un gran estímulo energético a todo su entorno y a la ciudad.

● **TIERRA**

Las construcciones bajas con techos planos tienen un aspecto positivo debido a la cantidad visible de cielo.

● **METAL**

Las cúpulas redondeadas de templos e iglesias son armonizantes y altamente beneficiosas para nuestro entorno.

70

Las formas alargadas horizontales o de tierra son muy utilizadas en edificios comerciales o militares.

Las formas altas o de madera corresponden a los grandes edificios o a los rascacielos.

Las formas con puntas o de fuego son las más utilizadas en los edificios sagrados, templos torres y algunas cúpulas de edificios de arquitectura destacable por su riqueza.

Las formas muy bajas y reflectantes con alguna pequeña redondez suelen ser las formas de metal, como las aristas afiladas de muchos edificios.

El entorno general

El entorno general está formado por las formas que rodean al entorno inmediato. Para expresarlo gráficamente, podríamos decir que son como anillos que circundan otros anillos, por ejemplo, la casa, nuestra vivienda, representaría el círculo central; el siguiente círculo sería el entorno inmediato, y aún un tercer círculo más grande representaría el entorno general. Un cuarto círculo representaría la energía del lugar.

Después de observar este entorno, podremos precisar cuál es la energía que se mueve por él y así tendremos un claro diagnóstico de la energía que afecta directamente a nuestra vivienda.

La energía del entorno afecta al hogar de maneras muy diversas. Los edificios cercanos, la presencia de agua, árboles, colinas y los rasgos generales del área donde está tu hogar pueden ser factores relevantes, por ejemplo, en las llanuras con el viento predominante de una dirección, que colocan árboles ante las casas en esa zona. Por otro lado, un cierto número de personas viven en casas muy parecidas entre sí, orientadas en la misma dirección, e incluso duermen con la misma orientación. De este modo, sin saberlo, comparten muchas cosas.

En las ciudades, el entorno que nos protege es artificial; por esta causa no abunda la energía vital.

71

PAISAJE URBANO

Los edificios, calles y manzanas que rodean una vivienda son los que le confieren a ésta una cualidad energética. La vivienda se ve afectada e influenciada por el conjunto de elementos que forman el paisaje urbano. Tampoco hay que despreciar las actividades que se desarrollan en torno a la casa.

Primero, hemos de determinar cuáles son las formas que cubren la forma de atrás, es decir, la tortuga, que equivale al norte; la parte delantera, representada por el ave fénix, que equivale al sur, la izquierda, representada por el dragón verde y que representa el este y la derecha, representada por el tigre blanco, el oeste.

Una vez evaluados estos parámetros ya tenemos clara la energía del entorno, y podemos precisar qué sucede en esa vivienda.

Los alrededores

La forma de tu vivienda debería estar en armonía y perfectamente integrada con las edificaciones vecinas, formando un bloque armónico.

Para modificar y aplicar curas al exterior de tu vivienda que ayuden a integrarla en el entorno utilizamos o manejamos el equilibrio de los elementos, partiendo del conocimiento básico de la numerología (número de la casa, de los moradores, etc.).

EL CHI CORTANTE

Para prevenir los efectos del chi cortante es preciso apaciguar los flujos de energía procedentes de esta dirección. Las correspondencias entre los 5 elementos, y en particular el ciclo de refuerzo, suelen ser bastante eficaces.

La energía de un elemento, como hemos visto antes, se consume en presencia del elemento siguiente dentro del ciclo de refuerzo o destrucción.

Este principio es una valiosa herramienta a la hora de mitigar el chi cortante. Supongamos, por ejemplo, que la procedencia de éste se encuentra situada al suroeste de tu casa. La energía asociada al suroeste es la tierra, que se agota en presencia del metal, y la forma de equilibrar esta situación sería colocar en esta dirección de tu casa un objeto asociado a la energía del metal.

Por ejemplo, si tenemos un jardín, colocamos una estatua de hierro o de bronce con formas redondeadas y símbolos o representaciones relajantes, apaciguadores y repelentes de la energía que nos ataca. Otra solución podría ser plantar árboles de energía metal, como el cedro.

Objetos válidos que compensan

Podemos añadir que, en el saber popular y tradicional, se colocaba siempre en la puerta de entrada una imagen de la Virgen María para proteger y ahuyentar todas estas energías, y atraer la buena suerte y la armonía hacia el hogar. La Virgen María, patrona del lugar, es símbolo de la madre naturaleza y la energía específica del lugar, aunque para muchos tenga una connotación religiosa, originalmente es un símbolo natural.

Actualmente, estos símbolos siguen siendo útiles, pero las modas imponen otros conceptos de carácter étnico, como los budas o mandalas y los caballos voladores.

"La virgen, símbolo de la madre tierra, nos ayuda a recordar que la naturaleza se reproduce generosa y abundantemente."

73

● Las líneas rectas

Los coches, los autobuses y los camiones llevan consigo su propio chi, al igual que las personas que viajan en ellos. La energía acelerada que albergan en su interior puede alterar el chi de los lugares por donde pasan. Las carreteras y las calles son superficies planas y duras y suelen estar construidas en líneas rectas. Estas líneas rectas canalizan un flujo de energía muy negativa. Hay que tener en cuenta que el movimiento natural de la energía es fluctuante y sinuoso. Cualquier movimiento que se produce en línea recta canaliza un tipo de energía que no es beneficiosa ni para el cuerpo humano ni para la vida.

Son preferibles las antiguas carreteras y calles con curvas e irregularidades a las modernas autopistas y grandes avenidas rectas.

● *Delante de un cruce en forma de T*:
Cada vez que un vehículo se acerca a la encrucijada en forma de T, encauza el flujo de chi acelerado hacia tu casa y ésta se ve agredida.
Solución: Crear una barrera natural o artificial delante de la casa.

● *Ante una curva*:
Éstas impulsan el flujo de energía acelerada fuera de la carretera. Si tu casa está en el borde, se verá afectada por los vehículos que viajan en ambas direcciones.
Solución: Igual que en el caso anterior.

● *Ante un cruce en forma de Y*:
Tu casa se verá afectada desde tres posiciones diferentes.
Solución: La misma barrera, tal vez con árboles, siguiendo la forma del centro de la y.

● *El centro de una rotonda*: En este caso, poco probable, es el reflejo de varias posibilidades similares.
Solución: Cambiar de casa, aunque lo más seguro es que la situación sea temporal y el cambio sea inevitable.

PAISAJE NATURAL

Cuando buscamos una casa en el campo o un terreno para construir, es primordial conocer en profundidad el lugar, y posteriormente observar y comprender el entorno general y el entorno inmediato. Debemos hacer una primera lectura clara y sencilla, diferenciando si está situada en lo alto de la montaña o en el valle, y si está ubicada hacia el sur o hacia el norte, en el lado soleado yang o en la sombra yin.

A continuación, se observa la orientación de la puerta. Es preferible que mire hacia el valle y tenga la colina a las espaldas. Esta orientación, en el hemisferio norte y en un valle orientado al sur, representa el sudeste o el suroeste. Estas direcciones ofrecerán un carácter concreto a la casa. Cuanto más cerca estés del pie de la ladera, más armónica será la energía. La forma de montes o montañas le infunde un carácter directo a la esencia de la casa. Las cuestas rocosas y

Para conocer en profundidad un lugar es necesario dormir un periodo determinado de tiempo en ese sitio.

empinadas más yang albergan la energía del fuego. Las colinas más redondeadas y ondulantes están asociadas al metal y al agua. Las cimas planas, tipo mesetas, albergan la energía de la tierra.

La vegetación

La presencia de los árboles en el entorno inmediato sustituye en muchos casos la protección de las montañas.

Si nuestra casa se halla en un descampado, podemos crear las cuatro protecciones de los animales sagrados, colocando árboles en el entorno.

Los árboles más altos estarán en la parte de atrás, actuando como estrella negra o tortuga del norte, por ejemplo, almeces, tilos, abetos, pinos o fresnos.

A la derecha de la casa colocaremos árboles más bajos que la vivienda de formas y hojas redondeadas y más suaves. Pueden ser frutales o árboles con flores, como mimosas, moreras o acacias.

A la izquierda, colocaremos árboles de altura similar a los de la derecha, algo más puntiagudos, como el ciprés o el cedro.

Torres de alta tensión

Estos elementos afectan muy intensamente a la energía de la vivienda. Estas torres emiten unos campos eléctricos de alto voltaje que destruyen los campos magnéticos del cuerpo humano.

Es muy importante tener esto en cuenta a la hora de comprarnos una casa o un terreno y procurar alejarnos lo más posible de estas construcciones. Si a pesar de ello, tenemos que vivir en un lugar así, es importante que un experto compruebe y realice una medición de los campos eléctricos que afectan a nuestra casa. Así podremos demostrar a la compañía eléctrica responsable que deberá tomar medidas.

PAISAJE RURAL

Campos, huertos, prados y jardines forman la energía del entorno en el paisaje rural. Casas individuales o edificios muy bajos rodean una vivienda de pueblo. La proximidad del paisaje natural caracteriza el entorno inmediato y el inmortal o señor del lugar (ver página 55), casi puede verse desde el interior de la villa. Las calles son más tranquilas que en las ciudades y con más elementos naturales, y crean un flujo de energía más armónico. La orientación al este o al sur casi siempre beneficia la cantidad y la calidad de la luz solar, que penetra con más facilidad en el interior de las casas. Los pueblos grandes están, actualmente, desarro-lándose según el mismo modelo que las ciudades, rompiendo todas las normas de construcción rurales. Polígonos industriales, bloques de pisos, calles asfaltadas, semáforos, etcétera, rompen la armonía y dificultan el fluir de la energía natural. En muchos lugares, las naves industriales se encuentran frente a frente en la misma calle con viviendas de nueva construcción, provocando un brutal desequilibrio causado por la necesidad de industrializar hasta el último rincón del paisaje. En otros, las zonas residenciales quedan atrapadas entre carreteras y vías de tren, bien porque éstas se construyen después o porque constructores y alcaldes tienen intereses económicos que no consideran la salud de las personas.

ENTORNO SALVAJE

Actualmente, muy pocos edificios se ven favorecidos por un entorno salvaje. Algunas casas de campo aisladas gozan de estos beneficios de la naturaleza, pero también cabe la posibilidad de que nuevas construcciones mal orientadas sean víctimas de las energías patógenas, destructoras del chi esencial. Las casas a cuatro vientos, desprotegidas de los animales simbólicos, sagrados, confieren a sus moradores unas cualidades de vida pésima.

La morada original

Por excelencia, es la cueva. Culturas primitivas y no tan primitivas han habitado en las cuevas durante siglos; son las moradas proporcionadas por nuestra madre tierra. Considerados lugares sagrados, la matriz de la diosa madre o templos naturales, las cuevas son lugares donde la energía esencial proporciona a los humanos toda clase de ventajas. En el interior de la tierra, las energías destructivas, «vientos patógenos portadores de deficiencias», no circulan. Completamente aislados de ciertas energías telúricas, las cuevas han sido utilizadas en el pasado por monjes, santos y sabios para transformarse en seres mágicos, conseguir longevidad y estar en comunión con la diosa-madre de toda naturaleza.

Chozas y cabañas

Antiguamente construidas y utilizadas por pastores y personas que trabajaban y vivían en un entorno salvaje, son hoy refugio de montañeros, aunque en algunos lugares siguen utilizándolas los pastores, como en las altas montañas de todo el mundo, en Mongolia, el Tíbet, Nepal, Laponia o España. Suelen estar situadas en lugares muy apartados, generalmente de difícil acceso, que obligan a pasar la noche por su lejanía. Estos lugares tan salvajes no son recomendables para la vida cotidiana de una familia. La energía es excesivamente salvaje y potencia el aislamiento, la soledad, los instintos, la falta de comunicación, la relación consigo mismo, con un excesivo silencio que nos aísla.

"La búsqueda del lugar perfecto para comunicarnos con el espíritu llevó a nuestros sabios antepasados a la localización de puntos energéticamente muy poderosos, en los cuales se ubicaron las ermitas."

Todos estos elementos transforman a un ser humano en un salvaje y le alejan del resto de la sociedad. Sólo es recomendable si esto es lo que pretendemos.

Algunas personas de alto contenido espiritual están perfectamente preparadas para esta vida, y todos estos elementos los utilizan para elevar su espíritu y perfeccionarse, entrando en un estado de meditación, contemplación, silencio y plenitud.

EL LUGAR DE LAS ERMITAS

Las ermitas son monumentos levantados por las diferentes culturas en lugares de energía telúrica muy concreta. Las antiguas ermitas están construidas en un entorno salvaje, donde confluyen varios tipos de energía, produciendo una concentración de alto voltaje, considerado siempre positivo y benéfico para facilitar la conexión con el espíritu. No serían tan adecuados para generar beneficios a una familia que viviera en ellos. Es importante comprender que cada lugar genera una forma de vida diferente. Algunas veces es adecuada para desarrollar correctamente la vida familiar, dando lugar a un estilo de vida que discurrirá con facilidad y saludablemente.

En otras ocasiones, genera unos estilos de vida muy diferentes, por ejemplo, la conexión con el mundo espiritual, como sucede en las ermitas, con la vida salvaje, como sucede al vivir en una choza, o con la vida solitaria, como en el caso de los ermitaños o en los monasterios. La vida familiar en este lugar puede ser muy complicada porque las energías que circulan por ellos no son favorecedoras para la estabilidad conyugal, al ser energías incontrolables.

Las ermitas están diseñadas para establecer una conexión constante con el mundo espiritual y una desconexión total con el mundo material. Es importante tener claros estos conceptos, ya que si pretendemos realizar un proyecto de vida familiar en un lugar así, vamos a fracasar con seguridad.

Las razones por las que cada lugar proporciona un estilo de vida diferente siempre son las mismas: la energía que circula es la esencia o la causa de los efectos que se producen. Por esta razón, la ciencia china del Feng Shui investiga las diferentes energías de los lugares y su utilidad, para proporcionar una información previa que evitará que vivamos en el lugar equivocado.

EL AGUA Y TU HOGAR

Dentro del Feng Shui, el agua tiene especial relevancia. Contiene elementos imprescindibles para la vida y es fundamental para las cosechas. El mar es la cuna de la evolución, y tres cuartas partes de nuestro cuerpo están hechas de agua. Ésta, sin embargo, también puede causar daño, a través de las tormentas e inundaciones.

El agua ejerce gran atracción sobre los seres humanos. Dentro del Feng Shui, el agua simboliza el dinero que fluye a través de una comunidad, del mismo modo que el agua fluye a través del paisaje. La cercanía del agua afecta la energía de tu hogar, al igual que tu propia

energía chi. La calidad del agua en cuestión, la dirección en que fluye y su ubicación con respecto a tu hogar son factores importantes. Para que el agua potencie realmente tu vitalidad, debe estar limpia y libre de polución.

El agua salada del mar o del océano es más yang, en tanto que el agua dulce de los lagos, los ríos y los arroyos es más yin. Si vives al lado del mar, te transmitirá vigor y energía, y si vives a orillas de un lago te dará serenidad.

Flujos de agua

La energía chi del agua en movimiento es más yang que la propia del agua en reposo. Así pues, una cascada ejerce un influjo más yang que un estanque. Las caídas verticales de agua a su vez asientan la energía, mientras que los manantiales llenos de burbujas la dirigen hacia lo alto. Un río caudaloso que corre en línea recta ejerce un efecto yang más concentrado que el que produce un riachuelo que discurre a lo largo de suaves meandros. Este efecto más yang hará que incremente el flujo de energía chi de tu hogar, con lo que éste te parecerá más fresco, más limpio y más vivo.

El agua más yin potencia un flujo más amable y sosegado de la energía chi. Los estanques y los pantanos ejercen este efecto, pero pueden empozarse y estancar la energía, salvo que alberguen una variedad saludable de animales y plantas subacuáticos. Los cauces sosegados son más vulnerables a la polución, pues los residuos y desperdicios tardan más en dispersarse que en los raudos arroyos de las montañas.

Si un cauce de agua fluye hacia la puerta de tu casa, potenciará la vitalidad de tu hogar. Sin embargo, si fluye en dirección contraria puede llevársela consigo. Incluso puedes sentir que el dinero se te escurre entre los dedos. Un río caudaloso que corre en dirección a tu casa, por otra parte, puede causar efectos similares a los del chi cortante.

Problemas con la dirección del agua

El efecto del agua depende de su ubicación con respecto al centro de tu casa. Coloca el diagrama de las 8 direcciones sobre tu plano, para establecer en qué dirección fluye el agua de los alrededores. Si descubres una situación desfavorable, trata de armonizar las energías de los 5 elementos.

● Sudeste: favorable

El agua que corre en el sudeste refuerza la energía de la madera, relacionada con la comunicación, la creatividad y el desarrollo en armonía.

● Sur: desfavorable

El agua y el fuego del sur no combinan demasiado bien. Puedes ser objeto de demandas legales, perder tu buen nombre y tener problemas de salud.

Solución: Planta árboles altos entre tu casa y el curso de agua para potenciar la energía de la madera.

● Suroeste: desfavorable

La energía de la tierra destruye el agua en el suroeste. En la medicina oriental, la energía de esta última está asociada a los

水

83

"En el proceso de cristalización hay un momento en el que, gracias a la temperatura, la gota de agua forma el carácter chino que la identifica o la domina."

"El agua, como ser vivo de la naturaleza, reacciona al sonido y a la luz. La palabra puede transformar la estructura energética del agua."

riñones, que se consideran la fuente de la energía chi del cuerpo. Si sufren algún daño, puedes padecer enfermedades serias.
Solución: Refuerza la energía del metal, en el suroeste y el noroeste.

● **Este: favorable**
El este alberga la energía de la madera, que se nutre del agua. Esta combinación favorece la dinámica de tus actividades, tu desempeño profesional y la realización de tus sueños.

● **Oeste: desfavorable**
En el oeste, el agua agota la energía del metal. Puedes tener problemas económicos y dificultades para encontrar pareja.
Solución: Refuerza el chi del metal y el de la tierra en el noroeste. Pon un montículo de tierra con una piedrecita negra encima, entre el agua y tu casa.

● **Nordeste: desfavorable**
Es la situación menos deseable, pues la energía de la tierra destruye el agua. El chi del nordeste es imprevisible, y un flujo de agua torrentoso potenciará su inestabilidad, propiciando cambios inesperados.
Solución: Coloca un objeto redondo hecho de hierro entre el agua y tu casa, para reforzar la energía del metal. El color rojo también es útil. Si no consigues un objeto de hierro, usa otro metal.

● **Norte: desfavorable**
El agua del norte tiene un efecto neutro. Sin embargo, no es aconsejable, pues la energía chi del norte es fría, apacible y estática, y tendrás dificultades para librarte de las humedades. Puedes acabar enfermando por esta causa.

Solución: Siembra árboles altos entre tu casa y el agua. Las raíces absorberán el agua (literalmente), junto con su energía chi.

● **Noroeste: desfavorable**

En el noroeste, el agua agota el metal. Puedes sentir que pierdes las riendas de tu vida.

Solución: Refuerza la energía chi del metal tal como se indica en el nordeste. Coloca un objeto plateado o dorado entre el agua y tu casa.

La presencia del agua en tu casa

El agua ocupa un lugar clave dentro del Feng Shui, a causa de su importancia para el cuerpo humano. Su presencia contribuirá a renovar la energía chi y puede ser muy beneficiosa para tu salud y tu vida en general. Potencia la presencia de agua en tu casa. Incluso una pequeña vasija de agua fresca, como veremos, puede producir efectos beneficiosos. Emplea siempre agua limpia, libre de polución y renuévala a menudo. Colócala en el este o en el oeste de tu hogar. Las demás direcciones no son recomendables.

Los acuarios han sido muy utilizados por la cultura china y el sistema Feng Shui para potenciar en el interior de la casa los puntos o rincones de energía más positivos. Las peceras crean un punto de vida y reproducción constante en el agua, símbolo del origen de la vida en el mar. Mantener el acuario en constante renovación y limpieza, y perfectamente iluminado, son las condiciones básicas para obtener estímulos constantes. El número de peces y su color también tienen una influencia directa. La entrada de la casa o la habitación del fondo a la izquierda desde la puerta, son las mejores áreas para colocar un acuario.

Los acuarios y la fortuna

Al estar relacionados con el agua, elemento favorecedor, junto con el viento de la fortuna y con el punto cardinal de donde procede ésta, los acuarios son uno de los estímulos de la energía.

JARDINES

Desde siempre, los jardines han sido lugares de protección, riqueza y belleza alrededor de la casa. Es el espacio natural de que dispone una vivienda. Como habíamos dicho anteriormente, el entorno inmediato de la casa tiene una repercusión directa en el interior de ésta. Por esta razón, el jardín es una parte importantísima de la casa. A través de él, podemos contrarrestar el flujo de energía negativa que se acerca a la vivienda.

El diseño de las diferentes zonas del jardín sigue las mismas pautas de los principios del Feng Shui para la casa. Siempre se intenta reproducir el orden de la naturaleza, para crear de nuevo un paisaje armónico. Además de ser un lugar destinado a la inspiración y a la contemplación, constituye una zona de pequeño contacto con la naturaleza desde nuestra casa. El suelo de tierra fértil, poblado de vegetación, arbustos y plantas, crean un paisaje armónico y constituye la base en la que podemos llevar a cabo un tipo de vida con un mayor contacto con la naturaleza.

El Ba-gua en el jardín

Siguiendo los criterios del sistema Feng Shui, en nuestro jardín debemos reproducir de nuevo el Ba-gua y representar en él de forma

simbólica cada una de las 8 direcciones más el Centro. Esto significa que, donde se halle el norte energético o la tortuga, debemos crear la protección de mayor altura de nuestro jardín. Del mismo modo, si seguimos el resto de direcciones, éstas estarán representadas por cada uno de los animales simbólicos: el dragón, el tigre...

En un jardín, el «centro» suele estar representado por una fuente de forma geométrica, redonda, cuadrada u octogonal que confiere al jardín la sensación de equilibrio, proporción, estabilidad y belleza.

Si no es posible colocar una fuente, se puede sustituir por un árbol, arbusto o embaldosado con figuras geométricas y forma de mandala, sencillo o complejo a gusto del diseñador.

Las piedras

Algunos elementos del jardín deben estar en las proporciones adecuadas para no excedernos con ciertas energías. Colocar demasiadas piedras endurecerá la vida en el jardín y no nos ayudará a relajarnos y a sentirnos cómodos.

Las piedras deberían estar cubiertas de musgos o plantas rastreras, de porte bajo, como la hiedra, la salvia, la siempreviva, la correhuela o la grama, para que la dureza de las piedras al desnudo no nos afecte directamente.

Las áreas del jardín cubiertas de grava no son recomendables porque ahogan la tierra que está debajo, impiden que crezcan plantas y proporcionan una superficie excesivamente dura y estéril. Sólo son recomendables para marcar algunos caminos en el interior del jardín. El efecto que tienen las piedras descubiertas en la salud, en algunos casos, se debe a la fuerte radiación que emanan. Recordemos que, en la naturaleza, las piedras están normalmente bajo la tierra. Su aparición se debe a la erosión, que aunque es un fenómeno natural, no deja de ser destructivo.

"El pavimento en los jardines está considerado como una esterilización de la tierra fértil y de la energía y dificulta el fluir de nuestra vida."

87

LA DOCTRINA DE LA ORIENTACIÓN

● La cultura de los vientos, muy arraigada en nuestro país, junto con la meteorología, eran la base para comprender la orientación.

LA ORIENTACIÓN

En el lenguaje Feng Shui se utilizan las ocho orientaciones más el centro para diagnosticar una situación, orientar un espacio o intentar comprender qué sucede. Estos términos, norte, sur, este y oeste, no sólo se utilizan para definir las direcciones magnéticas de la tierra, también tienen un sentido simbólico, es decir, el concepto **norte** define un tipo de energía que puede hallarse en cualquier lugar, y también tiene un significado energético, que se refiere a la parte de atrás de cualquier lugar, objeto, ser o fenómeno. Por esto, es conveniente precisar en todo momento a qué nos referimos: **norte magnético, norte simbólico o norte energético**. La casa es un captador de energía abierto a las fuentes principales del chi, con el fin de que éste fluya fácilmente a través de ella.

El movimiento de los Ba-gua por los 9 Palacios son las ocho orientaciones o rumbos más el centro, ocupadas por los ocho trigramas, que simbolizan todo lo relativo a cada elemento.

En el diagrama del Ki 9 estrellas se trazan dos caminos, que pasan por las nueve posiciones o casas. La energía circula por estas «casas o caminos», generando dos movimientos, uno yang, que avanza, y otro yin, que retrocede.

Cada año se considera un ciclo completo de la energía. Ésta pasa de yin a yang por todos los procesos, creando las estaciones y los periodos intermedios, dojo o canícula.

LOS CUATRO ANIMALES

Las protecciones de los animales sagrados deberían proporcionar seguridad para el hogar. Éstos han de estar reproducidos en el terreno de la forma más precisa y armónica posible, reflejando la esencia del carácter y el comportamiento de cada uno.

En los terrenos llanos, estas protecciones pueden estar representadas por árboles, setos o montículos que cumplirán la función de proteger el lugar, pero no serán tan poderosos y benéficos. Estos terrenos están más expuestos al ataque de la energía o chi destructor, afectando la salud de las personas que habitan el lugar.

Tortuga negra (norte)

Es una formación de montañas no exclusivamente altas ni rocosas que bajan en pendiente suave hacia el lugar. Estas montañas deberían estar situadas hacia el norte, protegiendo del viento frío la vivienda. Es la parte de atrás del lugar, la cumbre redondeada, tipo tierra o tipo madera.

Pájaro rojo (sur)

Esta configuración del terreno ideal del frente debería consistir en cadenas de montañas muy lejanas que formen un altar y permitan a la vista extenderse, controlando las fuerzas entrantes que fluyen hacia el lugar.

La protección de los cuatro animales debe ser reconocible en un lugar. Cuando éstos faltan, la energía patógena se convierte en fuente de enfermedades.

Dragón verde (este)

Esta formación protectora de la parte izquierda cubierta de vegetación puede ser alta o larga, pero no debería ser rocosa. La configuración ideal es alta y larga, actuando como un brazo que abraza el lugar.

Tigre blanco (oeste)

Protege la parte derecha de las energías destructivas. Son montañas más suaves y onduladas que el dragón verde, pero también pueden ser altas y colocadas en hileras largas. La posición ideal se produce cuando el tigre y el dragón se funden en un abrazo en el lugar.

Las ocho orientaciones

Las ocho orientaciones más el centro forman la esencia de la situación y ubicación de una vivienda. Ellas son representación del Ba-gua o mapa cósmico. La forma octogonal representa los cuatro puntos cardinales más los cuatro rumbos intermedios.

El yoga de la vivienda

En la cultura hindú existe un método paralelo al Feng Shui. Este sistema representa algunas variantes, pero básicamente es igual. Se llama Vastu Purusha, que significa «la Tierra», y remite a las raíces. Equivale a «habitar la Tierra», y se remonta a la tradición védica.

Hace referencia a un mandala sagrado con alto contenido simbólico. Consta de diez direcciones, las ocho principales más el nadir y el cénit. Estudiando el Vastu corroboramos que es exactamente igual que el Feng Shui, ya que tiene la misma esencia, con las diferencias filosóficas y las características energéticas del lugar al que pertenece, junto con el bagaje cultural del país.

"El sabio puede sentarse en un hormiguero, pero sólo el necio se queda sentado en él. Rectificar es de sabios."

La rosa de los vientos

En nuestra cultura ancestral tenemos la mítica rosa de los vientos, que no es otra cosa que el mapa de las direcciones y los movimientos del viento. Podemos ver que desde los orígenes ha preocupado a la humanidad de todo el mundo el fenómeno cambiante de la orientación en el espacio, y éste siempre está relacionado con la búsqueda constante de la buena dirección, para atraer la suerte, la salud, la felicidad y las protecciones de los dioses o las bendiciones de las estrellas.

Los cuatro vientos

Estas direcciones geográficas y magnéticas relacionadas con cada trigrama y cada elemento representan los biorritmos de la energía relacionada con la vivienda y los moradores. Los ocho vientos que provienen de cada una de las direcciones tienen características diferentes. Unos son portadores de influencias beneficiosas y otros malévolas.

La energía debilitadora puede provenir de las ocho direcciones.

Las nueve regiones de los ocho puntos cardinales más el centro representan la fuerza total del universo.

Los cambios de humor o estados de ánimo son variables como los ocho vientos.

Recetas comunes

En la medicina tradicional china, existen una especie de «recetas comunes», equivalentes a nuestra «medicina de los pobres», que describen los diferentes lugares y tipos de viento que atacan al organismo, y los que pueden restablecer el equilibrio.

● **Feng-Men**, en castellano «la puerta del viento» tiene la función de dispersar la energía patógena.

● **Yi-Feng**, en castellano «el ala del viento», dispersa también la energía patógena y el viento caliente.

LAS OCHO ORIENTACIONES: Actualmente, deberíamos aceptar y entender los métodos utilizados desde la antigüedad para comprender los cambios de tiempo en relación a los ciclos de la luna, y para comprender los cambios profundos de las cuatro estaciones y emplearlos para tratar el organismo y observar sus efectos. Nuestra vivienda se ve afectada por los mismos ciclos y cambios, benéficos y maléficos, tiempos de esplendor y desgracia.

LAS CUATRO ESTACIONES DE LA ENERGÍA

- **SHENG** corresponde a los procesos de nacimiento y crecimiento.

- **CHANG** corresponde a los procesos de desarrollo y florecimiento.

- **SHOU** corresponde a los procesos de concentración y maduración.

- **CANG** corresponde a los procesos de acumulación y almacenamiento.

La localización de las estrellas, el ángulo de su circulación y el movimiento del sol y la luna determinan las ocho subestaciones.

LAS DIRECCIONES

Cuando el hombre conoce estos cambios y procesos de yin a yang de las cuatro estaciones, el cielo y la tierra son sus tutores. Se considera «hijo del cielo».

Norte, invierno, tortuga negra

El norte o viento del norte es la energía donde nacen todos los seres, yin alimenticia, oscuridad, profunda interiorización, invierno, frío. También es la energía del crecimiento.

Promueve la energía de reserva, lo oculto, el misterio, dormir, el ritual, la nutrición, la bondad. Tonifica los riñones.

Este, primavera, dragón verde

El este o viento del este es la energía de la primavera, el comienzo del yang. Los sentimientos y aspiraciones se desarrollan y expanden. Controla el nacimiento de la vitalidad y es igual a desarrollo y florecimiento, protección, cultura, sabiduría, bondad. Tonifica el hígado.

Sur, verano, fénix rojo

Es la dirección que controla el desarrollo de la vitalidad. Es la más alta concentración de yang. Promueve alegría, suerte, fama, fortuna, felicidad, luz, alegría y esperanza. Tonifica el corazón. El ave fénix es el pájaro que renace de sus cenizas, y representa las oportunidades y la buena suerte. Adorado en el antiguo Egipto, simbolizaba la puesta y la salida del Sol.

Oeste, otoño, tigre blanco

La caída de las hojas representa el comienzo del yin. La energía empieza a concentrase y a penetrar en el interior. Produce pasividad. Los sentimientos están en el interior y aparece la contemplación. Es la energía que concentra y cohesiona. Promueve la guerra, la fuerza, la ira, lo imprevisto, el potencial, la violencia. Tonifica los pulmones.

● Los rituales y su relación con las direcciones, las estaciones y los cambios

Los rituales son una tradición que se repite en todas las culturas. El punto en común es que todos se realizan para bendecir a la naturaleza por su generosa abundancia. Pueden ser rituales de fiesta, de nacimiento, de duelo, de bienvenida, de cosecha o fertili-dad y de matrimonio, entre otros. Hay un ritual diario que se practica en todas las culturas, que se celebra a mediodía y celebra el punto más yang de la energía vital, el chi, el prana, que en nuestra cultura occidental es la hora del Ángelus.

El rosario de la aurora se celebra antes del amanecer, para dar gracias al Señor por el nuevo día.

El ritual de Navidad coincide con el solsticio de invierno. En el mundo árabe celebran el Ramadán.

En primavera, se celebra la Semana Santa, y la verbena de San Juan coincide con el solsticio de verano.

RITUALES RELACIONADOS
CON LA CONSTRUCCIÓN DE UNA CASA

- La colocación de la primera piedra.
- El inicio de los trabajos de cimentación.
- La cubierta (cubrir aguas).
- El montaje y colocación de la puerta principal.
- Inauguración de una casa completamente nueva.
- La vuelta a casa después de un largo viaje o la casa de vacaciones.
- Entrar en una casa restaurada.
- Limpieza, saneamiento.
- Bendición.
- Colocación de algún objeto sagrado de protección.

LA FORMA DE LA TIERRA

El cielo cubre por arriba. La tierra soporta por debajo. Todas las cosas crecen en medio de ambos, y de todas ellas la más valiosa es el ser humano.

La parcela o finca

La forma de la parcela no siempre coincide con la calidad del suelo. Las irregularidades geométricas alteran las actividades que deben desarrollarse en ellas. La propia forma crea alteraciones del fluir de la energía. Tengamos

en cuenta que al construir encerramos y bloqueamos el chi.

La calidad del subsuelo sobre el que se construye es de gran importancia, tanto para la duración del subsuelo como en lo referente al espíritu del lugar.

Elementos de diagnóstico

La temperatura, el color, el sabor, el olor, la vegetación, la permeabilidad, la consistencia, la textura, la estructura geológica y la composición química, de la que depende la radiactividad.

La temperatura depende de la estación del año, altura y latitud, pero a ésta subyace una temperatura constante que depende de las características del lugar. Lo mismo se puede decir del color del suelo, que varía con la humedad, el olor, el sabor y el aspecto de la vegetación.

Geometría o forma de la parcela

● **Formas armónicas:** Las parcelas o fincas cuadradas, rectangulares, circulares u octogonales, e incluso alguna en forma de L regular son adecuadas.

● **Formas inarmónicas:** El resto de formas poligonales, triángulos, rombos, pentágonos, troncos de cono o parcelas con forma de hacha irregulares y todas las que tienen algún añadido lateral asimétrico no son convenientes para construir una casa.

● Geometría de las formas

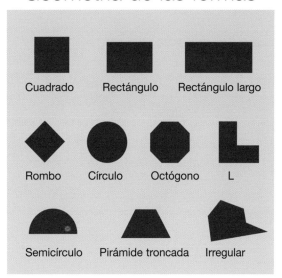

Cuadrado — Rectángulo — Rectángulo largo

Rombo — Círculo — Octógono — L

Semicírculo — Pirámide troncada — Irregular

LA BASE DE LA TIERRA

En el momento de construir una casa se ha de considerar la base de la tierra, es decir, la energía que circula por el suelo. Esta energía telúrica tiene sus ciclos de yin a yang, ascensión, caída o descenso y muerte. Es importante saber en qué momento de su ciclo se encontraba cuando cubrieron la casa y encerraron la energía dentro. Estos ciclos están regidos por una de las nueve estrellas para cada año. La estrella regente no siempre es positiva. Podemos ver en la página 104 el cuadrado Lo Shu original con los presagios y observaremos que algunos palacios propician efectos negativos. Hemos expuesto que yang es el cielo y yin es la tierra, pues las energías que circulan a través de la tierra, según los textos antiguos, se denominan «espíritus inferiores o telúricos». Las energías procedentes del cielo son «espíritus superiores o celestes».

El nivel de adecuación de un lugar depende en mayor medida de esta energía de la base del suelo junto con la orientación de la fachada o estrella del frente.

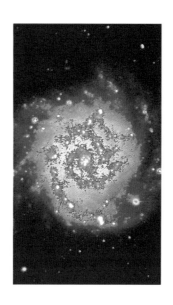

La estrella del frente

La energía que se aproxima desde el frente es mucho más expansiva que la que viene desde atrás. Por tanto, si esta estrella es negativa, su influencia se expandirá hacia el interior de la casa. Las interacciones de la estrella regente con la del frente proporcionan la energía base del interior de una vivienda.

"No es necesario mirar al cielo a través de la ventana, porque todo el firmamento se halla en uno mismo."

Lao Tse

EL BA-GUA

Es el mapa cósmico donde se clasifica la energía y sus movimientos o ciclos de cambio. Este mapa cósmico responde a todas las necesidades de transformación que necesitamos para estudiar cualquier fenómeno en la naturaleza, en el ser humano y en el universo.

Está regido por las 9 estrellas y sus posiciones en el firmamento, siempre cambiantes. Para el sistema de interpretación se han utilizado los nueve números del sistema matemático y toda la simbología sagrada de la cultura china y la filosofía oriental.

Los movimientos de los números en la casas del Ba-Gua se llevan a cabo siguiendo un patrón de la circulación de la energía que nos muestra cómo avanza, de menos a más, es decir, yang. Este mismo patrón es el que utiliza la energía en proceso inverso cuando retrocede, es decir, yin.

Cielo anterior

Al principio, la energía era estática, el orden era perfecto, no había movimiento y no había conflicto. Este orden era perfecto en sí mismo y se mantenía en equilibrio. La relación entre los elementos, las direcciones y los números no tenía oposición.

Este Ba-gua muestra los pares de trigramas opuestos o antagónicos enfrentados, manteniéndolos inmóviles.

Cielo posterior

En la secuencia del cielo posterior, los trigramas o elementos se hallan situados de forma dinámica, es decir, en constante movimiento, buscándose, oponiéndose. Esta secuencia actual es la que rige todos los procesos de cambio de la naturaleza.

En el sistema Feng Shui se utiliza siempre la secuencia del cielo posterior.

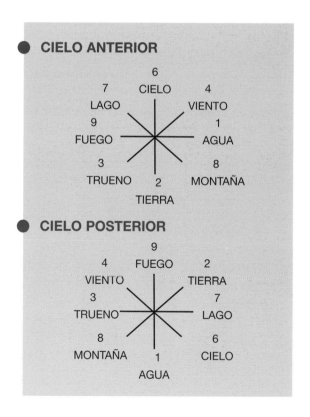

EL MAPA BA-GUA. Es la distribución de los números y las direcciones en el cuadrado mágico marcando el ciclo de avance y retroceso de los números por las casas o palacios.

EL BA-GUA DEL HOGAR

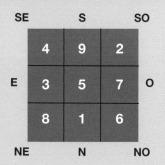

EL BA-GUA, LO-SHU BÁSICO o cuadrado mágico está compuesto por las nueve casas con los nueve números en el interior de cada una, que representan los ocho trigramas más el centro, y a su vez las ocho direcciones más el centro.

Este cuadrado mágico de la numerología tiene la cualidad de que la suma de todos los números en cualquier dirección siempre suma 15.

Superponiendo el cuadrado mágico sobre el plano de la vivienda y leyendo el significado de los trigramas, buscamos las indicaciones para saber cuál es la mejor habitación de la casa para cada miembro de la familia.

Cada trigrama está asociado a una persona de la familia cósmica.

EL LO-SHU SUPERIOR representa el movimiento que generan los 9 números o estrellas circulando por las casas cada año. La energía de las 9 estrellas se mueve avanzando desde el número 1 hasta el número 9, siguiendo este patrón energético yang que crea esta figura gráfica.

EL LO-SHU INFERIOR muestra el retroceso yin de la energía.

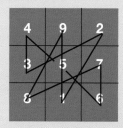

BA-GUA: Cambia cada año y cada número avanza a la casa siguiente, completando un ciclo de diez años a través de los cuales se experimentan todos los procesos del cambio.

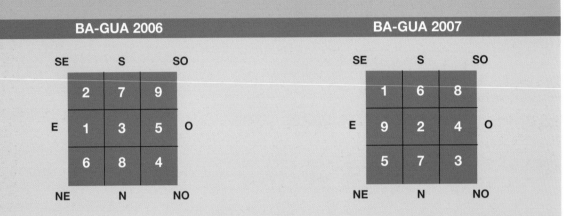

BA-GUA 2006	BA-GUA 2007

BA-GUA 2006

SE	S	SO
2	7	9
1	3	5
6	8	4

E / O

NE   N   NO

BA-GUA 2007

SE	S	SO
1	6	8
9	2	4
5	7	3

E / O

NE   N   NO

BA-GUAS 2006 - 2007

Éstos son los cuadrados mágicos de estos años. Podéis mirar en qué casa se halla vuestro número y leer los presagios de cada casa en el cuadrado básico Lo-Shu de presagios de la página 104.

El Ba-gua representa el desplazamiento de los periodos de tiempo que componen los ciclos. Pequeños ciclos como las horas, los días, los meses y el año se hallan ordenados dentro de grandes ciclos de diez años, veinte años, sesenta años, cien años, etcétera. Estos ciclos repetitivos, regidos por la ley de la recurrencia, es decir, volver a ocurrir, representan el cosmos en constante expansión.

El calendario chino y la brújula geomántica reflejan todos estos movimientos cósmicos de la relación entre el cielo y la tierra, movimientos y fenómenos que componen el tiempo y el espacio, como bien sabían antiguas civilizaciones.

El manejo del Ba-gua nos permite saber con precisión qué energías vienen hacia nosotros y cuáles se alejan, así como en qué momento suceden los cambios. Esto nos permite comprender las situaciones presentes y prepararnos para las situaciones futuras. Si intentamos coincidir con la energía que nos rige en ese momento, las cosas serán mucho más fáciles para nosotros.

LOS ANEXOS son espacios más pequeños que el resto de las áreas del mapa Ba-gua e incrementan y potencian las áreas a las que se añaden en el cuadrado mágico. Las carencias son los espacios ausentes que representan un área superior a un área del Ba-gua y tienen el efecto contrario.

CÓMO DETERMINAR LOS ANEXOS Y CARENCIAS DEL HOGAR

ANEXO

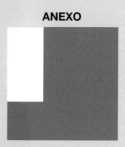

CARENCIA

ANEXOS Y CARENCIAS

Para determinar en una superficie si un espacio está añadido o nos falta, debemos superponerlo sobre el cuadrado mágico del Ba-Gua. Y automáticamente, podremos determinar en qué dirección nos falta o nos sobra un espacio.

Una vez determinado si el espacio faltante es un añadido o una carencia, estudiamos a qué dirección, trigrama, número, etcétera, corresponde. Y buscamos su significado.

Los dibujos muestran una carencia, en caso de que el espacio añadido sea más pequeño que el lado del cuadrado, y un anexo siempre que sea más grande.

Lo primero que hay que hacer en una parcela es dibujar sobre un plano el cuadrado mágico del Ba-Gua. Con las nueve casas (ver páginas siguientes). A continuación, se marcan los espacios faltantes. Si uno de los espacios sobresale del mapa, se considera un espacio sobrante.

Ejemplo: después de colocar el mapa Ba-gua sobre el mapa de la parcela, veremos si el área que falta es más pequeña o más grande que el resto de las áreas. Si es más grande, falta = carencia. Si es más pequeña, sobra = anexo, como bien se muestra en los dibujos superiores.

EFECTOS DE LAS CARENCIAS: Cuando falta una porción del espacio del Ba-Gua, significa que nuestra vivienda carece de las energías correspondientes a cada estrella, trigrama, dirección, etc. Todos estos conceptos expresan energías. Los anexos suponen un incremento en nuestra vida y en nuestra casa.

DIRECCIÓN, ESTRELLA, NÚMERO, ETC., EN RELACIÓN A ANEXOS O CARENCIAS

NORTE
ESTRELLA 1

NEGRO
AGUA

4	9	2
3	5	7
8	**1**	6

CARECEMOS: Todo lo que tiene que ver con vocación, actividad, rapidez, competitividad.

SIMBOLIZA EL HIJO MEDIANO

NORDESTE
ESTRELLA 8
MONTAÑA
AMARILLA

4	9	2
3	5	7
8	1	6

CARECEMOS: Chi desgarrador y cambiante, rapidez, motivación personal, herencias, deseo de trabajar, hijo pequeño directo y agudo.

SIMBOLIZA EL HIJO PEQUEÑO

ESTE
ESTRELLA 3
TRUENO
ESMERALDA

4	9	2
3	5	7
8	1	6

CARECEMOS: Ambición, realización de sueños, sentido práctico, rapidez, confianza en uno mismo, atención por los detalles.

SIMBOLIZA EL HIJO MAYOR

SURESTE
ESTRELLA 4
VIENTO
VERDE
OSCURO

4	9	2
3	5	7
8	1	6

CARECEMOS: Actividad, creatividad, dirección, arte, movimiento, ligereza, compromisos, relaciones, fuerza, crecimiento y bondad.

SIMBOLIZA LA HIJA MAYOR

SUR	4	9	2	**CARECEMOS:** Brillantez, fuerza, pasión, calidez, reconocimiento de los demás, admiración, éxito en cualquier ámbito social o profesional, extroversión, don de gentes.
ESTRELLA 9	3	5	7	
FUEGO	8	1	6	**SIMBOLIZA LA HIJA MEDIANA**
ROJO				

SUR / ESTRELLA 9 / FUEGO / ROJO

4	9	2
3	5	7
8	1	6

CARECEMOS: Brillantez, fuerza, pasión, calidez, reconocimiento de los demás, admiración, éxito en cualquier ámbito social o profesional, extroversión, don de gentes.

SIMBOLIZA LA HIJA MEDIANA

SUROESTE / ESTRELLA 2 / TIERRA / NEGRA

4	9	2
3	5	7
8	1	6

CARECEMOS: Estabilidad, armonía familiar, capacidad de avanzar, flexibilidad, amor, dulzura, paciencia y tolerancia hacia los demás, receptividad, feminidad, fertilidad.

SIMBOLIZA LA MADRE

OESTE / ESTRELLA 7 / LAGO-OCÉANO / COBRIZO

4	9	2
3	5	7
8	1	6

CARECEMOS: Fuerza, liderazgo, carisma, bienestar económico, recoger frutos de la cosecha y el esfuerzo, reflexiones profundas, frescura infantil y juguetona, brillo.

SIMBOLIZA LA HIJA PEQUEÑA

NOROESTE / ESTRELLA 6 / CIELO / BLANCO / PLATEADO

4	9	2
3	5	7
8	1	6

CARECEMOS: Capacidad de liderar, organizar, planificar, dar soporte a cualquiera, masculinidad, dignidad, sabiduría, imagen de superioridad, paternidad, respeto y autoridad.

SIMBOLIZA EL PADRE

CENTRO / ESTRELLA 5 / AMARILLO

4	9	2
3	5	7
8	1	6

CARECEMOS: De dirección en nuestras proyecciones. De un eje en el que apoyarnos en cualquier dirección que afrontemos. De liderazgo, capacidad protectora, visión práctica.

Cuadrado mágico Lo-shu básico para determinar presagios

MADERA	FUEGO	TIERRA
BUENA SUERTE	ALEGRÍA, FORTUNA	PROBLEMAS
VIAJES DE PLACER	FELICIDAD	MALA SUERTE
		AMOR CON DISGUSTOS
MADERA	TIERRA	METAL
SALUD	CAMBIO DE EMPLEO O DOMICILIO	DINERO
ALEGRÍA	FALTA DE DINERO	BUENA SUERTE EN TODO
HONORES	ACCIDENTES Y ROBOS	AMOR
TIERRA	AGUA	METAL
DESGRACIAS	MELANCOLÍA	FORTUNA
ENFERMEDADES	SERENIDAD	BUENOS NEGOCIOS
MUERTE	TRANQUILIDAD	MEJORA LA SALUD

Las direcciones, las protecciones, las orientaciones, junto con nuestro número personal y el año en curso nos ayudarán a localizar el lugar más beneficioso.

105

LA ENERGÍA
DE LOS MORADORES

Los antiguos moradores siempre
están presentes en el ambiente de
una casa.

LA ENERGÍA DE LOS MORA-DORES, LOS ANTEPASADOS, PRESENTES Y FUTUROS

Una vez que sabemos cuál es nuestro número y dónde se halla cada uno dentro del cuadrado Lo-Shu tenemos una idea más clara de cuál es nuestra energía o chi. Este número expresa nuestra forma de ser y nuestro carácter, la manera en que nos expresamos y en que nos perciben los demás.

Conocer esta información nos permitirá hacer una lectura en nuestra vivienda sobre cuál es la dirección más favorable para orientar, distribuir y organizar el hogar. Aunque hay que entender que no podemos ser expertos la primera vez.

Damos estas ideas para que podamos comprender cómo funciona, pero es posible que necesitemos la ayuda de un experto para asimilar toda la información.

Karma del edificio

Si conocemos nuestro número Ki de las 9 estrellas y a qué miembro de la familia cósmica pertenecemos, podemos valorar nuestra energía para hacer una primera lectura y saber qué necesitamos, si estamos buscando casa y si encontramos una que haya estado habitada por diferentes personas.

Nos interesa conocer algo de su historia, porque es posible que la nuestra se vea afectada

"No sólo el experto en Feng Shui puede garantizar la salud de una casa, algunos animales, habitantes habituales de las mismas, son garantía del buen fluir de la energía."

por los mismos acontecimientos. Y también nos interesa cambiar parte de esa energía antes de entrar.

La casa como ser vivo

Como hemos ido observando, la energía es muy variada, pero en algunas de sus fases concretas es posible modificarla, aunque no toda. Por ejemplo, en una casa donde ha vivido una persona que ha estado largo tiempo enferma, esta energía queda retenida, pero podemos limpiarla completamente. En una vivienda orientada en una dirección de influencias negativas, esta energía que vive en el interior no podemos cambiarla, porque retorna a la casa constantemente.

Llevarse bien con la casa

Cuando nos mudemos a una casa nueva, es importante que mantengamos una actitud de humildad hacia ella, pidiéndole permiso y agradeciendo que nos acoja en su seno, limpiándola, saneándola, curándola, mejorándola, comprendiéndola. El hecho de que la hayamos comprado no significa que seamos sus dueños. Las casas pertenecen energéticamente a la persona que les dio forma. Actualmente, nos hemos decantado por la propiedad privada y tenemos tendencia a pensar que podemos hacer y deshacer libremente. Es corriente que los nuevos propietarios de una casa tiren la mayoría de tabiques y poco tiempo después vendan la casa a personas que hacen y deshacen a su antojo para vender de nuevo, no beneficiando en absoluto a la salud de la vivienda.

Si contemplamos la casa como un ser vivo, podemos imaginar con facilidad la situación: moradores que llegan, destruyen la energía de la casa, y se marchan, y los que vengan harán lo mismo.

EL ALMA DE LA CASA

Todas las casas tienen vida, y ésta le ha sido infundida por su creador. Él es quien le ha transmitido el espíritu y las energías esenciales. La forma crea una energía concreta a su alrededor, las proporciones numéricas crean otra energía natural y el lugar infunde el carácter concreto de la casa. Cuando entramos en una casa, percibimos a veces cómo es esta energía, y así sabemos si es lo que necesitamos. Muchas personas, cuando entran en una casa, reciben un impacto muy fuerte de esta energía, y deciden comprarla por esta razón, impactados por el alma de la casa.

*"A veces,
las apariencias engañan.
Es necesario que nos
tomemos más tiempo
para comprobar
el resultado de
algunas casas."*

Cuando llevan un tiempo viviendo en ella, empiezan a percibir con más claridad en qué se traduce esta energía y muchas veces se sorprenden porque no les gusta: no habían comprendido el alma o la esencia de la casa.

Cuando se diseña una casa, se proyectan unas expectativas que se deben cumplir. Es muy posible que las expectativas que se proyectaron en esa casa no nos sirvan a nosotros.

Con el sistema Feng Shui podemos precisar mucho más cuáles son las características del alma de la casa, descubriendo en qué sentido se mueve la energía, y si aplicamos los principios del yin y el yang entenderemos por qué la primera impresión no es definitiva.

Atracción a primera vista

Si estamos muy yin y entramos en una casa yang nos sentimos atraídos porque la casa nos polariza en ese momento. Pero ¿qué pasará cuando llevemos años viviendo en una casa con una energía tan yang? Que nos encontraremos sobresaturados de esa energía, es decir, en el otro extremo de la balanza, y necesitaremos más yin para compensarnos. Al faltarnos, empezaremos a sentirnos muy desequilibrados y enfermos.

No hay que confiar nunca en este primer momento, «que os ha dado buen rollo» o que os ha gustado. Esta sensación no es segura, ni duradera, porque cuando vivamos en esta casa vamos a cambiar completamente. Podríamos decir que la sensación recibida durante esa primera visita carece de objetividad y se debe únicamente al impacto de la polarización de la energía. Por ejemplo, las casas de paredes muy anchas son frescas en verano y, si las visitamos durante esa estación, nos parecerán muy agradables, pero pueden resultar terriblemente frías en invierno y llevarnos a un desengaño.

Las casas, como las personas, transmiten un mensaje energético que a veces es difícil interpretar si no se conoce a fondo.

111

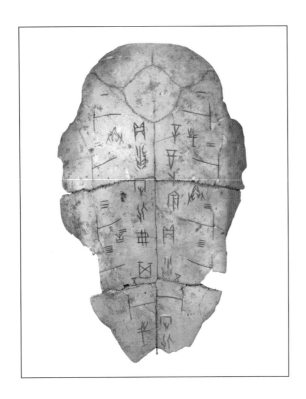

LOS NÚMEROS

Los números son los símbolos representativos de los principios eternos que rigen el proceso secreto de la creación. El significado de las letras de los alfabetos originales, hebreo, griego, sánscrito, latino, tienen un valor matemático, además de fonético. Juntando estos valores obtenemos el valor cabalístico.

La ciencia de los números se basa en la teoría de que el hombre y su vida están regulados por la ley matemática de la vibraciones y las proporciones, teniendo en cuenta que estas vibraciones rigen el universo infinito. Podemos encontrar una tabla numérica o escala de números, y una escala de sonidos: la música geométrica o teoría de Pitágoras.

Numerología china

Los números del Ki de las 9 estrellas representan el recorrido de la energía que llega a la Vía Láctea polarizada por las 9 estrellas. Antes de llegar al sistema solar, este torrente de energía, sufre, al entrar en la galaxia, una polarización producida principalmente por estas nueve estrellas.

Estas nueve estrellas están representadas en el yin y el yang por las dos estrellas principales, Vega y Polaris respectivamente.

● **La estrella Polar** (o Polaris) se asocia con acción, agresividad, movimiento, masculinidad, yang.

● **La estrella Vega** se asocia con lo lunar, lo pasivo, la feminidad, lo yin. Cada doce mil años se turna la fuerza de impresión de las estrellas Vega y Polaris. Actualmente, estamos bajo la influencia de la estrella Polar.

● **La Osa Mayor** hace de amplificador de la entrada de ondas cósmicas en la Vía Láctea, y en el Sistema Solar. Una vez que la energía entra en el Sistema Solar, los nueve planetas también influyen regulándola.

● **La Tierra** recibe la energía influenciada por Saturno, que es quien la regula en nuestro sistema.

● **Saturno** representa el número 5 y es el director de orquesta de la energía que entra en la Tierra y que cada nueve años irá

"La primera ley de la Tabla Esmeralda dice: 'Lo que está arriba es como lo que está abajo'."
Hermes Trimegisto

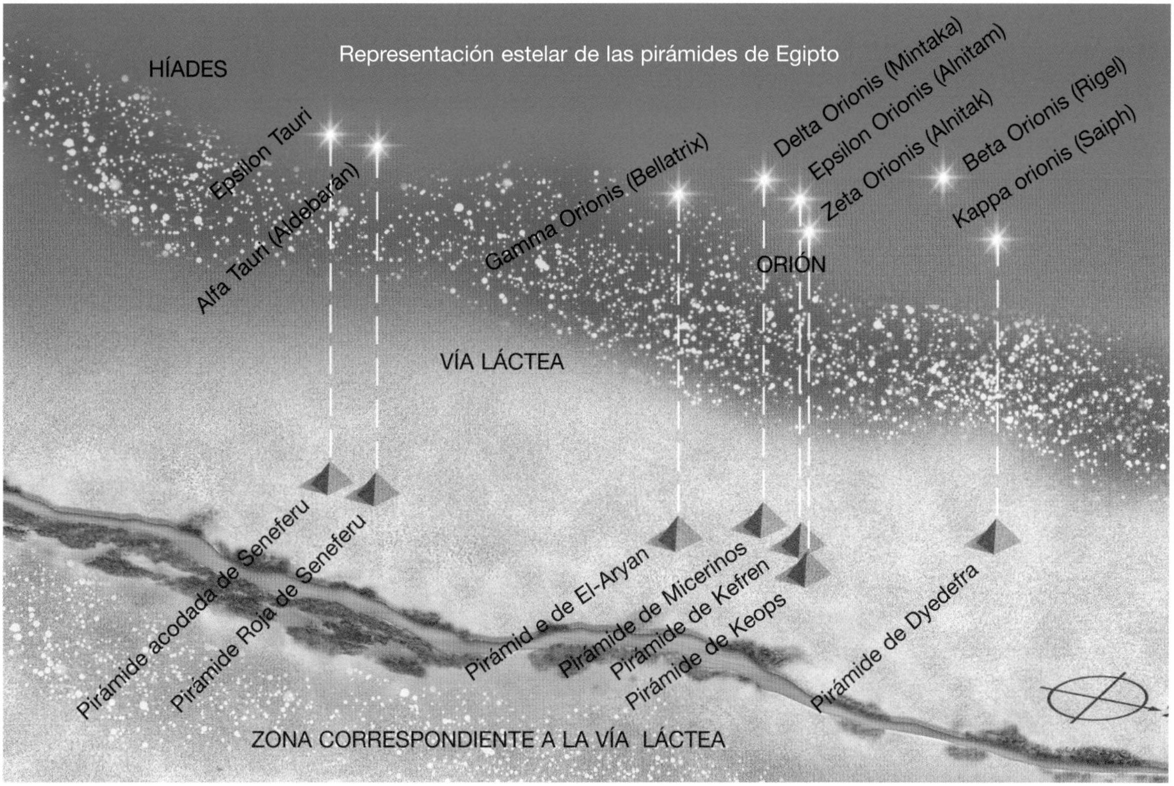

Representación estelar de las pirámides de Egipto
HÍADES
Epsilon Tauri
Alfa Tauri (Aldebarán)
Gamma Orionis (Bellatrix)
Delta Orionis (Mintaka)
Epsilon Orionis (Alnitam)
Zeta Orionis (Alnitak)
Beta Orionis (Rigel)
Kappa orionis (Saiph)
ORIÓN
VÍA LÁCTEA
Pirámide acodada de Seneferu
Pirámide Roja de Seneferu
Pirámid e de El-Aryan
Pirámide de Micerinos
Pirámide de Kefren
Pirámide de Keops
Pirámide de Dyedefra
ZONA CORRESPONDIENTE A LA VÍA LÁCTEA

"En Oriente y en Occidente, la creación se explica a través de la teoría cosmogónica de los números y de los astros, representados constantemente en la tradición popular."

cambiando. Estos ciclos siempre son de nueve años, y se aplican también a los años, meses y días.

La energía que entra en la Tierra da lugar a una característica concreta cada año.

El sistema de numerología china, junto con el cuadrado mágico Lo-Shu, forman uno de los principios básicos del Feng Shui más importantes.

En él, todas las fechas —los años, días e incluso las horas— se pueden reducir a un dígito. La posición de cada número denota una dirección. Es decir, cada número se asocia al tipo de energía que emana de cada dirección (elemento) y a los ocho trigramas. Así, buscando las correspondencias entre los números, las ocho direcciones y los ocho trigramas, cada aspecto de la fecha puede tener entonces su trigrama pertinente y su dirección particular.

Utiliza el mismo sistema que la numerología occidental, en el que todos los números se pueden reducir, por adición de sus dígitos, a un dígito simple, entre el 1 y el 9. La numerología, al igual que todo el conocimiento chino, tiene su origen en la minuciosa observación del mundo natural.

En la numerología china, la posición y la relación de cada número respecto al resto tiene un significado que se utiliza para analizar o predecir numerosos fenómenos, desde la salud de una persona, el trabajo y las finanzas hasta sus relaciones personales.

Tanto Oriente como Occidente basan sus conocimientos cosmogónicos en la teoría de los números para explicar la creación y en este sentido las diez mil cosas. Aunque desconozcamos estos aspectos, siempre han estado a nuestro alcance. En nuestra cultura, los métodos han sido diferentes, pero esencialmente iguales.

Números y sonidos forman el lenguaje y todo vibra y se mueve a través de éste. Lo utilizamos constantemente, aunque desconozcamos su significado.

Lo primero que aprendemos en el colegio son las letras, vocales y consonantes, y después los números y la escala musical. Todo lo demás son combinaciones de estos tres, aunque nunca nos enseñan su significado secreto. Desconocemos que el verso o la palabra son, para cada uno, una bendición o una maldición, de ahí que la ignorancia de las propiedades de las ideas, como de las propiedades de la materia o la energía muchas veces nos sean funestas.

En el proceso de la Creación, tal como está expresado en la Biblia, el primero en aparecer es el sonido, la vibración, el Verbo o la Palabra.

Números y elementos

Las relaciones entre los 9 números y los elementos se basan en la posición que tienen dentro del cuadrado mágico. Por ejemplo, una persona cuyo número sea el 1, asociado al norte y al elemento agua, se verá influenciada por las características de este elemento, que puede resultar incompatible con el elemento 9, asociado al fuego.

Como recordaremos, en el cuadrado mágico de los 5 elementos se pueden observar con claridad dos ciclos básicos de relación entre los números:

- **en el ciclo creativo**, un elemento genera al otro. A este ciclo se le llama de generación o de creación.
- **en el ciclo destructivo o de control**, la energía sigue un patrón diferente, completamente opuesto al anterior. Este movimiento expresa la forma en que los elementos se destruyen para generarse de nuevo.

Estos dos ciclos se alternan constantemente y juntos generan los grandes ciclos de la energía o estaciones por los que pasa de yin a yang cada uno de los números del cuadrado mágico del Ba-gua durante un año a través de las «casas» o palacios.

EL SIGNIFICADO DE LOS NÚMEROS

Los nueve números forman la familia cósmica.

El 1, el 3, el 6 y el 8 son números masculinos, yang, y sus características básicas serán la actividad, la iniciativa, la agresividad y la emisión (son emisores).

El 2, el 4, el 7 y el 9 son números femeninos, yin, y se caracterizan por la pasividad, la expansión y la reactividad y la receptividad.

Todas las características de cada número que mencionaremos a continuación coincidirán con las personalidades únicamente en el caso de estar muy equilibrados; de otra manera serán sólo potencialidades.

El número 1 agua

Representa el hijo mediano. Su trigrama está compuesto de las líneas exteriores yin. Es fluido, pasivo y adaptable, con fortaleza interna. Es el invierno con la fuerza incluida en su interior, en lo profundo. La vitalidad está oculta por su débil exterior. Simboliza la semilla enterrada que más tarde se convertirá en planta. Filósofo, posee gran capacidad de comprensión y abstracción. Sólo retiene la esencia de los fenómenos, y los desarrolla. Comprende el mundo invisible.

El número 2 tierra

Representa la madre cósmica. El trigrama es yin en su totalidad. Es la receptividad, la aceptación, la paciencia, la dulzura y la entrega. Necesita solidez.

El número 3 madera

Representa el hijo mayor El despertar de la energía de la primavera. Es el renacimiento. Está muy marcado por las dos líneas abiertas en la parte superior del trigrama. Esto le da impulsividad, un impulso creador irreprimible, un constante crecimiento energético. Se siente muy unido a la naturaleza. Es la fuerza de las yemas que se manifiestan en las ramas.

El número 4 madera

Representa la hija mayor. Es el viento, tiene la energía expansiva de la primavera, pero ya manifestada, sobre una base pasiva, blanda. Tiene mucha fuerza mental y emocional, por eso es un gran emisor, es decir, que transmite mucha fuerza a los demás, afectándolos. Posee iniciativa. A veces su cuerpo no soporta el impacto de su fuerza mental, por esto siempre necesitan acumular más energía física. Deben ser muy conscientes de la fragilidad de su cuerpo.

El número 5 tierra

Representa el centro de todas las cosas. No tiene ningún trigrama, pero en ocasiones adopta la personalidad del número 2 o del número 8. Se simboliza por el número 0. No tiene principio ni fin. Tiene las cualidades del constante cambio y plenitud en sí mismo, aunque dependiendo siempre de los demás.
Se considera camaleónico, porque siempre adopta la personalidad de la persona que tiene enfrente. Es hermafrodita.

El número 6 metal

Representa el padre, el metal. Su trigrama son tres líneas yang. También representa las fuerzas del cielo. Estas personas tienen una fuerte moral y una gran naturaleza física e intuitiva. Son religiosos, idealistas, honestos, francos y poseen fuertes valores morales. Tienen una energía muy fuerte y muy consolidada, falta de sensibilidad y de receptibilidad. Poseen una cierta ingenuidad social y emocional. Pueden llevar a la transformación de vidas con su ejemplo. Son líderes naturales.

117

"La energía yang de un nuevo ciclo comienza con el inicio de la primavera, tiene su punto culminante de máximo yang en verano y de nuevo se va contrayendo hasta volver a yin de nuevo en otoño."

"En verano, el sol alcanza su máximo apogeo, expandiendo a todos los seres de la naturaleza. En la cultura china, el sol representa el emperador, equivalente al corazón en el cuerpo, está, estrechamente relacionado con el alma y las emociones, es decir, el amor, e impulsa a todos los seres a relacionarse mutuamente."

El número 7 metal

Representa la hija pequeña. Es el lago. Hay una base sólida y una superficie fluida y son receptivas hacia todo lo espiritual. Tiene más capacidad para recibir, reflexión o serenidad que el número 6. Posee la capacidad de replegarse en sí misma, pasiones enfáticas, apetito social. Busca su equilibrio entre la contemplación y su fuerza vital y emocional, con gran necesidad de trato social.

El número 8 tierra

Representa el hijo pequeño. Es la fuerza de la montaña, la línea superior yang, que le otorga una gran fuerza espiritual. Son impasibles, aunque los provoquen. Son personas quietas, lentas, de poco movimiento. Hay mucha fuerza y solidez en la superficie. Las dos líneas yin inferiores le dan un interior muy tierno, que los demás no saben ver. Son personas que aparentan fortaleza, pero no saben expresar la ternura interior. Son personas dominantes, muy sólidos, pero necesitan apoyo emocional. Es el hielo que se rompe al empezar la primavera. Son los revolucionarios.

El número 9 fuego

Representa la hija mediana y el solsticio de verano. Se manifiesta abierto y aparenta vigor y empuje. Es directo, brillante, luminoso. Todo lo que se ve y llama la atención es fuego 9. A nivel emocional posee debilidad, tiene tendencia hacia un soporte afectivo. Se les achaca que son superficiales.

Son personas que ven las cosas como son, al contrario que los que poseen el número del agua 1. En filosofía oriental se dice que el sol es la fuente de la vida, pero también se dice que es la causa de nuestra ceguera e ignorancia. Tienen una forma de ver la cosas muy sencillas. Están dotados de fuerza mental y física.

LAS CASAS O PALACIOS

Los movimientos que realizan los números a través de todas las casas durante los nueve años forman un ciclo de diez años. Cada decenio tenemos la oportunidad de pasar por todas las situaciones posibles de la energía. Es muy importante comprender las características de nuestra relación con la energía cada año para favorecerla en lugar de oponerse a ella.

Es importante estudiar en profundidad la personalidad intrínseca de cada número y en paralelo las características esenciales o básicas de cada casa. Después de hacernos un diagnóstico, fusionaremos los dos resultados y obtendremos una tercera lectura más completa y precisa de lo que nos está sucediendo.

Cada año tiene una estrella regente, que ocupa el centro de cada estrella o palacio.

Cada casa comparte con su número original unas características básicas. Representa el karma anual que debemos asumir. Cada casa te permite estudiar más a fondo la dinámica que debes llevar a cabo en tu vida.

Casa del 1 - año 1

Masculina. Bajo la influencia de esta casa tendemos a experimentar más concentración, más fuerza y más emisión. Esta casa nos produce un

El cielo fecunda a la tierra,
y ésta a su vez es su reflejo.

recogimiento profundo, sin movimiento. Actuamos los mínimo posible. Es un buen momento para planificar los próximos diez años. ésta será la semilla que dará fruto y que luego guardaremos para sembrar de nuevo.

Casa del 2 - año 2

Femenina. Casa final del verano, cuando el ciclo agrícola devuelve la energía acumulada para ser cosechada. Es una buena época para recolectar lo que de valioso haya en nuestras vidas, y desechar lo superfluo. Es bueno para sacar los trastos viejos, y poner las cosas al día. Para poner tu vida en orden. Es un tiempo material, donde no hay imposición, sólo aceptación. Es idóneo para hacer buenos amigos, donde la gente hace borrón y cuenta nueva y puede dar una nueva imagen. Es la recogida de la cosecha.

Casa del 3 - año 3

Masculina. La naturaleza se renueva a sí misma, a través del nacimiento y la revitalización. Son las fuerzas de la primavera que ascienden. El tiempo incita a avanzar, a meterse en empresas nuevas. Abundan el impulso, la agresividad y la fuerza. Hay movimientos, viajes, cambios, todo se renueva.

Casa del 4 - año 4

Femenina. Es la primavera madura. La energía que se alza, distribuye y materializa en distintas for-

mas. Hay posibilidad de cambio de casa, de éxito social, de ejercer influencia en algunos ambientes. Un alto grado de inteligencia y perfección. Procurar implicarse el mínimo emocionalmente puede acarrear problemas en el cuerpo físico. Es una casa para comenzar iniciativas de futuro bastante materiales. Hacer una buena planificación. Tendencia a padecer estrés y a ser olvidadizo.

Casa del 5 - año 5

Sin género. Es la transición clave entre el crecimiento y la transición interna. Es el momento en que la persona se estabiliza. Es un tiempo para centrarse y recopilar las experiencias. Es un periodo en que pasas de la paz a la guerra. Es la calma que precede a la tempestad.

Casa del 6 - año 6

Masculina. Es un tiempo entre el otoño y el invierno, en que el frío sopla sobre el lago helado. Esta casa hace que aumente la sensibilidad de la persona que está en ella, y también su responsabilidad. Planificas los movimientos para conseguir las metas que te has propuesto a un plazo mediano o largo. Es una casa dura, de mucho trabajo, tenacidad, regularidad, que favorece un tiempo para la profundidad. Se tiende a replegarse. Tendencia a hacerse el líder, a controlar, a dar empuje a las acciones. Reafirmas el aspecto masculino de la persona.

La fusión de lo masculino y lo femenino crea un equilibrio perfecto.

*"El recorrido de
la energía por los 9
palacios nos proporciona
toda la variedad
y riqueza de experiencias
que necesitamos
a lo largo de la vida
para evolucionar."*

Casa del 7 - año 7

Femenina. Simboliza el otoño, cuando se recogen los frutos, cuando la cosecha se ha completado. Es el tiempo de la celebración de la abundancia, en que los amigos se reúnen para relajarse y disfrutar. Encuentras el fruto de lo que has sembrado los nueve años anteriores. Es un año para divertirse, para gozar, para buscar el placer. Es también el año de los cinco sentidos para un número mágico. Para profundizar en tu vida espiritual, escribir un diario, tener experiencias en la naturaleza, pasar buenos ratos con los amigos y divertirse.

Casa del 8 - año 8

Masculina. Fortaleza, quietud. Es el punto en que la energía se concentra y se produce un giro, el momento en que tus conclusiones te hacen cambiar toda tu visión. Es una situación de cambio y hay que elegir. Lo que se elija tendrá una influencia directa en los próximos nueve años. La comunicación es deficiente. Este año puedes romper con todas las ideas de antes y crear una pequeña revolución en tu interior. Es la semilla que se ha roto y que ya ha germinado. No es buen año para hacer amigos. Sólo reconocerás a los que ya son realmente tus amigos.

Casa del 9 - año 9

Femenina. Es la energía del verano que se derrama en todas direcciones con brillantez y con calor. Lo que has buscado años anteriores, lo puedes encontrar aquí. Te puedes ver impulsado de forma rápida a alturas superiores. Aumenta tu popularidad y sientes un renovado entusiasmo. Puedes realizar más actividades que las que hacías en otras épocas. Te tropiezas con hechos reales de forma rápida. Hay una gran intensidad en la vida de relación. Ante tantas posibilidades, no las desaproveches.

Algunas energías o estaciones nos
suelen resultar más atractivas y
nos sentimos más felices. Es una
buena época para recolectar lo que
de valioso haya en nuestras vidas.

Cómo buscar tu número

AGUA Agua	**1**	1927 5-Feb	1936 5-Feb	1945 5-Feb	1954 4-Feb	1963 4-Feb	1972 5-Feb	1981 4-Feb	1990 4-Feb	1999 4-Feb	2008 4-Feb	2017 3-Feb
TIERRA Suelo	**2**	1926 4-Feb	1935 5-Feb	1944 5-Feb	1953 4-Feb	1962 4-Feb	1971 4-Feb	1980 4-Feb	1989 4-Feb	1998 4-Feb	2007 4-Feb	2016 5-Feb
MADERA Trueno	**3**	1925 4-Feb	1934 4-Feb	1943 4-Feb	1952 5-Feb	1961 4-Feb	1970 4-Feb	1979 4-Feb	1988 4-Feb	1997 4-Feb	2006 4-Feb	2015 4-Feb
MADERA Viento	**4**	1924 5-Feb	1933 4-Feb	1942 4-Feb	1951 4-Feb	1960 5-Feb	1969 4-Feb	1978 4-Feb	1987 4-Feb	1996 4-Feb	2005 4-Feb	2014 4-Feb
TIERRA	**5**	1923 5-Feb	1932 5-Feb	1941 4-Feb	1950 4-Feb	1959 4-Feb	1968 5-Feb	1977 4-Feb	1986 4-Feb	1995 4-Feb	2004 4-Feb	2013 3-Feb
METAL Cielo	**6**	1922 4-Feb	1931 5-Feb	1940 5-Feb	1949 4-Feb	1958 4-Feb	1967 4-Feb	1976 4-Feb	1985 4-Feb	1994 4-Feb	2003 4-Feb	2012 4-Feb
METAL Lago	**7**	1921 5-Feb	1930 4-Feb	1939 5-Feb	1948 5-Feb	1957 4-Feb	1966 4-Feb	1975 4-Feb	1984 4-Feb	1993 4-Feb	2002 4-Feb	2011 4-Feb
TIERRA Montaña	**8**	1920 5-Feb	1929 4-Feb	1938 4-Feb	1947 4-Feb	1956 5-Feb	1965 4-Feb	1974 4-Feb	1983 4-Feb	1992 4-Feb	2001 4-Feb	2010 4-Feb
FUEGO Fuego	**9**	1919 5-Feb	1928 5-Feb	1937 4-Feb	1946 4-Feb	1955 4-Feb	1964 5-Feb	1973 4-Feb	1982 4-Feb	1991 4-Feb	2000 4-Feb	2009 3-Feb

TU NÚMERO PERSONAL

Según el calendario occidental, el año comienza el 1 de enero, pero para la filosofía oriental o Ki 9 estrellas, el comienzo del año siempre es en febrero, entre los días 4 y 10. No existe un día exacto, como en nuestro calendario, porque el año comienza con los ciclos estelares, y tiene una variación de unos días cada año, coincidiendo siempre con el momento exacto en que la energía empieza a subir y empieza la primavera. Actualmente, la exactitud de estos métodos se ha visto ligeramente alterada por el cambio climático, pero suele ocurrir entre el 3 y el 8 de febrero.

Cómo usar la tabla

Para poder localizar tu número dentro del sistema del Ki 9 estrellas, partes de tu año de nacimiento, por ejemplo, si has nacido en enero de 1950, que según este sistema empieza en febrero, tu número pertenece al último mes de 1949 y es el 6 (véase tabla en página 118). Si naciste en marzo de 1950, eres un número 5. Si naciste cerca del 3, el 4 o el 5 de febrero, ten en cuenta la diferencia marcada por los husos horarios, es decir, el año empieza ocho horas antes en Europa que en América. Empleando estos datos, podemos descubrir cuál es nuestro número Ki 9 estrellas. Este número al que perteneces o número personal indica qué tipo de energía regía el año en que naciste, confiriéndote una identidad propia de ese año.

En el mundo energético, esto es tan importante o tan concreto como las huellas digitales o el ADN. Esta energía personal de tu número determina cómo son tus relaciones con el resto de personas, así como con los lugares, y te ayuda a comprenderlas.

A partir de esta comprensión, cuentas con unos recursos para evaluar otros factores que pueden beneficiarte o perjudicar tus proyectos o tus anhelos. Para precisar mucho más esta energía, calculas la carta del mes y del día, pero todos estos cálculos sólo puede manejarlos un experto. En este libro te presentamos las tablas realizadas para que no tengas necesidad de calcular los números.

LA MUDANZA

Cada año, tu energía personal se confronta con las diferentes energías que ocupan los 8 palacios. Puesto que el patrón de energía cambia cada año, los presagios más favorables también cambian. Si piensas mudarte de casa, calcula el momento más adecuado para localizar el futuro hogar, ya que éste tendrá unas

Por mucho que nos atraiga el aspecto de una casa, antes de mudarnos debemos tener en cuenta, primero, la energía del lugar, y la estética más tarde.

126

profundas consecuencias en tu vida de los próximos años. Examina el cuadrado Ki de las 9 estrellas y podrás predecir algunos de los cambios que te esperan.

Si tu número se halla en una casa o palacio desfavorable, espérate a que cambie el próximo año.

Cambiar de casa

La misma regla que nos sirve para elegir cuando mudarnos, también sirve para producir cambios y reformas en el hogar. Existen momentos más o menos ventajosos para aplicar las modificaciones de la energía en tu casa. Una reforma de obras, un cambio de ubicación, un saneamiento, pintar o una limpieza general pueden tener unos efectos drásticos en nuestra vida.

Buscando casa

La búsqueda de una vivienda para trasladarnos es un proceso muy importante y de gran trascendencia en nuestra vida. Depende de la casa que vamos a elegir, ya que nuestro futuro estará influenciado por este tipo de energía.

Si no somos conscientes y desconocemos cuál es la energía de la casa elegida, podemos meternos en una aventura de la que nos puede resultar difícil salir airosos.

Las prioridades que actualmente nos hacen decidirnos sobre una casa son: la zona, el precio y los metros. Desde el punto de vista Feng Shui, nada de esto tiene ningún valor. Las prio-

ridades deberían ser: la energía del lugar, la orientación, la distribución y los materiales con que está hecha.

La estética de la casa

La mayoría de veces nos decidimos por una casa por su aspecto. La forma estética de una casa polariza con nuestro estado en ese momento, que cambia constantemente.

El hecho de que nos guste una forma estética no significa que sea la que nos conviene.

Deberíamos aclarar en una especie de anteproyecto todos estos conceptos antes de buscar una casa, y asegurarnos antes de decidirnos si reúne las características energéticas para realizar nuestros objetivos en la vida.

LAS SOMBRAS

Es una energía que está incluida en la esencia de las cosas. Se considera mágica, ya que no tiene un cuerpo denso, pero en cambio es visible. Algunas culturas la llaman el alma de las cosas, ya que, cuando se proyecta la luz sobre ellas, se desplazan y se pueden ver claramente sus contornos.

Dependiendo de qué lado enfoca la luz del sol, la sombra se proyecta en el extremo opuesto, creando un eje de energía de luz y sombra, yin y yang juntos siempre, un mundo de materia densa y otro de materia sutil. Este eje marca la dirección del sol y la opuesta para la sombra, como en el caso del reloj de sol. Pero hay que tener en cuenta que si el sol se mueve, la sombra también lo hace.

Hacer sombra

Debido a la inclinación del sol hacia el sur en el hemisferio norte, hay lugares orientados al norte en los que el sol no toca nunca. En otros casos, la sombra puede deberse a edificios más altos situados en el camino del sol, con «mala sombra».

La dirección de las sombras

Si un sector de tu casa se encuentra a la sombra, tendrás un déficit de energía Chi. El tipo de energía faltante dependerá de la posición de los edificios aledaños respecto de tu hogar. Si, por ejemplo, tienes un bloque de pisos al este, dejarás de recibir luz cuando el sol se encuentre en el este y como consecuencia perderás la energía Chi que está asociada con

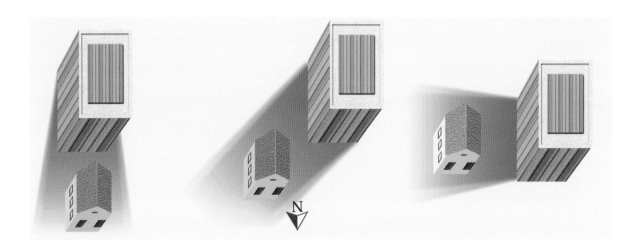

este punto cardinal. Ocurrirá lo mismo en el oeste o en el sur si las sombras provienen de estos puntos cardinales.

Compensar las sombras

Para compensar estas sombras, debemos iluminar al máximo los espacios afectados. La iluminación interior debe hacerse con bombillas de luz natural, creando un ambiente muy luminoso que imita la luz del sol. Debemos mantener la luminosidad todo el día, es decir, que cuando salgamos de casa, debemos dejar este área iluminada.

Algunos pensarán que es un derroche de energía mantener esta zona iluminada todo el día, pero en la mentalidad oriental Feng Shui se considera la generosidad con los elementos como base para la abundancia.

El cielo hace el amor con la tierra

Según el sistema Feng Shui, cuando una nube proyecta su sombra sobre una montaña a pleno sol se produce un fenómeno energético muy particular, que en el lenguaje geomántico se expresa diciendo que el cielo está haciendo el amor con la tierra en ese momento.

Luces y sombras

Esto significa que la energía yang masculina, que procede del cielo en ese instante, impulsada por la fuerza del sol, también yang, penetra la tierra, femenina, yin, a través de las nubes, que la procesan como una lupa. Y esta fuerza resultante queda impresa en la sombra que cae encima de un punto concreto, por el que en ese momento entra gran cantidad de energía creadora.

Éste es el origen de las sombras chinescas.

129

"Cuando el sol o cielo penetra a través de las nubes, proyectando la sombra sobre la tierra, en este momento, se genera una energía muy particular que nutre al lugar."

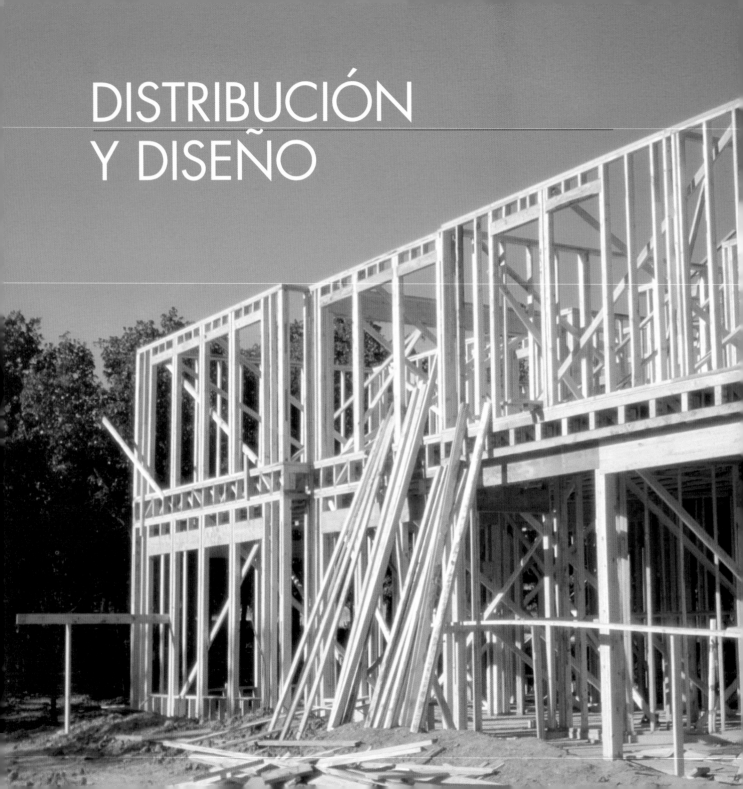

DISTRIBUCIÓN Y DISEÑO

FORMA Y ESTILO

El diseño Feng Shui es un diseño que imita la naturaleza. Viviendas, jardines, puertas y ventanas, muebles, objetos, aparatos, imágenes, obras de arte, vestuario del hogar, cojines, cortinas, alfombras, vajillas, utensilios de la cocina, coches, todos deberían estar diseñados para proporcionarnos salud, bienestar, confort y armonía.

La colocación del mobiliario, objetos, obras de arte, etcétera, en las habitaciones nos obliga a adoptar una posición y orientación encarando las direcciones. Es importante saber cuáles son las que más nos favorecen. La orientación de puertas y ventanas es la primera que nos interesa averiguar, porque por ellas la energía entra, sale y circula. Las escaleras unen los niveles inferior y superior.

Las formas de los 5 elementos están presentes en el diseño de todo cuanto nos rodea, formas ondulantes (agua), rectilíneas (madera), achatadas (tierra), redondeadas (metal) y puntiagudas (fuego). De la perfecta combinación de ellas obtendremos una vivienda viva.

Elección del mobiliario

Es muy importante a la hora de elegir el mobiliario tener muy presente que es nuestro cuerpo el que debería decidir, no nuestra mente. Nuestro cuerpo físico experimenta unas sensaciones muy diferentes con cada elemento. No

elijáis hierro para dormir, porque vuestro cuerpo lo rechazará siempre y puede enfermarse aunque vuestra mente no sea consciente. La conexión entre el cuerpo y la mente debería ser total. La mente debe limitarse a interpretar en palabras las reacciones y sensaciones que capta y experimenta nuestro cuerpo. El Feng Shui es el método que interpreta el lenguaje del cuerpo y del subconsciente.

Para percibir la energía de los muebles hay que tener el cuerpo muy receptivo, para que nos avise cuando algo no sea correcto.

Colores y formas

Colores, formas y materiales armoniosos deberán rodearnos, abrigarnos, protegernos, envolvernos, estimularnos, acogernos y relajarnos.

Yin y yang

Determina en qué zonas de la casa debemos relajarnos y cuáles nos estimulan.

Ubicación

Debería seguir siempre el mismo patrón del Ba-Gua, es decir, reproducir en todo momento el orden del paisaje natural en el interior.

Decoración

Los elementos decorativos deben ayudar a atraer y a encauzar el flujo de la energía en una casa para que fluya y se reparta por el espacio, sin atascarse. También debe ocultar o desviar las flechas secretas y equilibrar elementos incompatibles. Otros elementos decorativos impiden que fluya la energía demasiado rápida y se convierta en chi negativo, por ejemplo, una planta grande, una cortina o un biombo. Cuando pensamos en decoración solemos pensar en los estilos que nos gustan, pero según el sistema Feng Shui la decoración es la ornamentación y adornos que se colocan después de amueblar una casa, que se deben valorar en conjunto e individualmente. Los muebles deberían servir para ser utilizados y la decoración para la belleza y la contemplación. Algunos elementos útiles pueden servir como decoración. No es necesario comprar objetos inútiles para embellecer. Aquí deberíamos aplicar la ley de la relatividad.

En la decoración deberíamos aplicar constantemente la ley del «más es menos». Sobre todo, recordar que lo que importa realmente en un espacio es la energía que llega de la orientación y la distribución del suelo, y finalmente de la decoración. Cuantos más objetos coloquemos para embellecer, menos energía tendremos para disfrutar (+ = -).

PARA DORMIR BIEN

Es la actividad a la que dedicamos más tiempo en nuestra vida. Por esto vale la pena esmerarnos en conseguir un descanso saludable.

Madera cien por cien

La cama ideal es de madera cien por cien. Nunca de hierro, porque nuestro cuerpo pierde la temperatura al colocarse encima de elementos metálicos. El hierro absorbe nuestro calor y energía, dejándonos desvitalizados. Además, es un conductor de la electricidad, y junto con los enchufes de la cabecera de la cama aumenta el campo eléctrico, alterando el campo electromagnético de nuestro cuerpo.

Látex, lana y algodón

Otro elemento que forma parte de la cama es el colchón. El más cómodo para el descanso es de látex, pero el algodón y la lana pueden estar debajo y actuar como aislantes de todo tipo de energías contaminantes, asegurándonos que dormimos sin alteraciones.

Lino, algodón, seda o lana

Sábanas, fundas nórdicas, almohadones y almohadas.
Lino, algodón, hilo, seda o lana, son los tejidos naturales más adecuados para entrar en contacto con el cuerpo o la piel. Estos tejidos naturales gozan de varios beneficios.
En primer lugar, actúan como reguladores de la temperatura natural del cuerpo. Son cálidos en invierno y frescos en verano.
En segundo lugar, son permeables, pues dejan respirar la piel.

En tercer lugar, son aislantes de ciertas energías. En algunos edredones en los que el tejido externo es natural, debemos comprobar que el relleno también lo sea. Podemos diferenciarlos por su precio.

En cuarto lugar, provocan descargas de electricidad ambiental o estática, etc.

Los tatamis orientales de fibra de paja de arroz son todavía mucho mejores para dormir, pero en nuestra cultura no estamos acostumbrados a agacharnos, y nos cuesta tener esa flexibilidad en nuestro cuerpo.

SILLAS Y SOFÁS

Seguiremos los mismos criterios que en el caso de la cama: evitar el hierro, los tejidos sintéticos, los colores fríos, oscuros, tristes, como rojo, negro, gris, violeta, lila o azul, y sustituirlos por colores cálidos, suaves y alegres, como los crema, marfil, salmón, terracota pálido, ocre suave, naranja pálido.

Alfombras

Lana, algodón, yute, cáñamo, bambú, sisal, esparto, seda o lino son los tejidos más ade-

cuados. Lisas o en dibujos multicolores, dependiendo del estilo que más nos gusta, pero siempre cálidas. No olvidemos que las alfombras siempre representan el suelo o la tierra.

COMPLEMENTOS

Existen diversos objetos que a pesar de su tamaño reducido ejercen un potente efecto dinamizador de la energía. Vamos a verlo en las páginas siguientes.

Cristales

Cuando la luz solar atraviesa un cristal, se refracta en todos los colores del espectro del arco iris. Los rayos de colores resultantes se proyectan en todas direcciones y cada color propaga consigo un tipo particular de energía Chi.

Los cristales más comunes son de forma redonda y tienen un gran número de caras cortadas a máquina en su superficie para incrementar su capacidad de refractar la luz. A menudo traen incrustado un colgante y una cuerda para colgarlos.

Si tenemos ventanas por donde entran los rayos del sol directamente, estos cristales son innecesarios. Y si no las tenemos, no tienen ningún efecto al carecer de luz.

De todas formas, son muy bellos, pero recordemos que son tradicionales de países (norte de Europa) que suelen estar varios meses al año sin ver el sol. En nuestro país tenemos la suerte de tener sol todo el año, y precisamente por esta razón no valoramos tanto sus beneficios, ya que, en general, se tienen las persianas medio bajadas y las cortinas echadas siempre. No son necesarios, pero si nos gustan, ¡por favor! ponerlos de forma que les toque el sol directamente, para que puedan embellecer con sus reflejos, ya que, en principio, ésa es su función.

"En la antigua China, construían espejos utilizando el arte de reflejar y multiplicar las imágenes. Conociendo la geometría y la matemática cortaban las aristas en forma de poliedros y hacían viajar las imágenes en el espacio y el tiempo, como sucede con las estrellas, que tardan años en enviarnos su luz."

135

Velas

Potencian la energía chi del fuego, que estimula la pasión y la creatividad y es favorable para atraer la atención de los demás, y son muy útiles en la meditación.

Si aspiras a entablar una relación íntima con alguien, coloca dos velas iguales, muy cerca una de otra. Las velas son también útiles en las habitaciones que reciben poca luz natural. Coloca varias a la vez, en una esquina o en el sur de la habitación. Si el ambiente tiende a ser húmedo, su presencia contribuirá a hacerlo más seco y luminoso.

Para estimular las relaciones amorosas, íntimas de pareja, hay unas formas más adecuadas, que funcionan mejor: corazones, flores, redondas, pero las ideales tienen la forma de una pareja, hombre y mujer, abrazados y fundidos en uno solo; no obstante, para encontrarlas tendrás que esforzarte un poco, y ten en cuenta el aroma, ya que si es de procedencia natural contribuye a purificar el ambiente.

● La luz natural en la decoración

La luz natural tiene unos efectos positivos en el cuerpo, entre otras razones porque nuestro cuerpo energético o astral se compone de luz y se alimenta de ella. Nuestro cuerpo luminoso o de luz es el que alimenta a su vez nuestro cuerpo físico. Sabemos que hay una serie de nutrientes, como la vitamina D, que se sintetizan únicamente mediante la luz solar. También conocemos los efectos negativos que producen en el estado de ánimo los días sin sol. Debido a esta carencia de sol, los habitantes de los países nórdicos acuden en masa a los países mediterráneos, incurriendo algunas veces en el exceso. En nuestro hogar debemos abrir las ventanas a la luz de la mañana y hasta el mediodía para captar los rayos benéficos de la luz solar, pero por la tarde ya no son tan beneficiosos. Por esta razón, la orientación suroeste y oeste de ventanas y puertas no es tan favorable.

Lámparas de sal

Este precioso objeto decorativo es otro de los objetos víctimas de la moda Feng Shui, que promueve el uso de objetos orientales, pero que en este caso no tiene mucho sentido, porque la bola de sal, con la bombilla incluida y enchufada pierde todo su magnetismo y energía, reduciéndolo a un simple adorno.

Si os gusta, podéis usarla, pero no esperéis que tenga efectos curativos. En todo caso, conviene tenerla desenchufada.

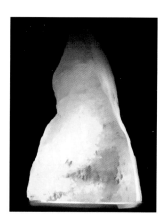

Sal

Según la alquimia, la sal es uno de los tres componentes básicos de la vida (la sal de la vida, junto con el mercurio y el azufre), que son necesarios para llevar a cabo cualquier proceso o transformación.

Es una sustancia imprescindible para el organismo de los seres humanos y de los animales, y también para algunas plantas, y sobre todo, para la vida en el mar. Schüssler, que descubrió las doce sales que llevan su nombre, llegó a este descubrimiento después de muchos años de trabajo como médico forense. Al incinerar los cuerpos, vio que éstos se reducían sólo a sal indestructible. Y diferenció o clasificó doce variantes como resultado de la raza humana.

Antiguamente se pagaba a los trabajadores con sal. De ahí el origen de la palabra salario. Tiene muy diversas funciones, pero aquí vamos a tratar las que afectan a la energía de la casa.

La sal actúa como captador y absorbente de tensiones ambientales, es decir, atrae hacia sí las energías yin del ambiente, ya que la sal es la sustancia más yang, que no se destruye ni aún quemándola.

La sal es también el conservante por excelencia de otras sustancias, ya que equilibra y conserva cierta estabilidad en la atmósfera.

Sonidos

El sonido hace vibrar el aire, estimulando el flujo del chi. Las campanillas que suenan con el viento pueden emplearse tanto en el jardín como dentro de casa. Su función es mover la energía, y es importante que emitan un sonido claro y armonioso. Si quieres estimular el chi en torno a la puerta de tu casa, coloca campanillas de metal, que suenen cada vez que se abra la puerta. Si tu intención es mitigar la energía del sur, unas campanillas de cerámica serán más adecuadas. En la tradición oriental, los gongs y las campanas se emplean para limpiar la energía chi de una casa o de un sector de ella. Suelen tocarse en lugares donde el ambiente es denso o está estancado. En nuestra cultura, los timbres eléctricos sustituyen las campanas de viento orientales o nuestras antiguas campanas, pero no tienen la misma utilidad. Los instrumentos de viento emiten una vibración mágica, curativa, terapéutica por sus sonidos naturales. Por eso se dice que la música amansa las fieras. Pero no es el caso del timbre eléctrico, que emite un sonido electrizante, crispante del sistema nervioso. Esta vibración no es curativa, pero podemos poner unas notas suaves en el timbre, que atenúen el efecto.

Los antiguos timbres manuales, o las campanas de la entrada, se pueden continuar manteniendo y utilizando.

Moda Feng Shui

En ningún texto original de Feng Shui se cita como objeto apropiado elementos como campanas, bolas, lámparas de sal, espejos o fuentes eléctricas, que mueven una pequeña cantidad de agua circularmente, sin aportar ningún tipo de beneficio, pues el ruido del agua queda anulado por el ruido del motor.

LA RUEDA DE LOS COLORES

Los colores en el hogar pueden transformar su energía. Incluso una pequeña cantidad de un color fuerte puede ejercer un efecto considerable. Cada color puede asociarse además al yin o al yang o a uno de los 5 elementos y a una de las 8 direcciones.

Debemos tener en cuenta que los colores surgen del espectro solar, es decir, forman la composición cromática de la luz, y por ello tienen unos efectos similares en nuestro organismo. El espectro solar o tabla de clasificación de la composición de la luz nos puede servir de guía para saber cuáles nos convienen más; por ejemplo, la luz visible abarca un espectro de la radiación electromagnética que va desde los rayos infrarrojos a los rayos ultravioleta, y por arriba y por abajo se encuentran los rayos X y los rayos gamma, peligrosos para la salud, y las ondas de televisión y radio, de frecuencia más baja y menos peligrosos.

La vivienda como refugio

El origen de las viviendas surge para proteger al ser humano del efecto negativo de los rayos ultravioleta a los que se ve expuesto durante la noche (reflejados en la luna). Esto se debe a que la luz nocturna, o su ausencia, carece del efecto de ciertos rayos positivos y provoca una repercusión dañina en el cuerpo. Con esto queremos decir que algunos colores tienen el mismo efecto, porque su procedencia es la misma. Hay una tendencia a elegir los colores para ambientar la casa bajo el criterio de me gusta o no me gusta, sin tener en cuenta que lo correcto sería qué color me conviene o cuál me aporta más bienestar y salud.

A pesar de tener una gama tan extensa de colores no son tantos los que nos benefician a la hora de ponerlos en las paredes. Nuestro cuerpo es el que recibe siempre el impacto de todo cuanto nos rodea, Por esta razón, la elección hay que hacerla pensando en el efecto

● Color

Al igual que la luz, el color influye en las cualidades yin o yang de la vivienda. El color de las paredes es especialmente útil para equilibrar los elementos de una habitación. El color de la tapicería, de las obras de arte o de las flores son complementos ideales para realizar composiciones de elementos que equilibren un ambiente. Los colores también deben adecuarse a la función de la habitación: para un trabajo creativo resultará estimulante un color más vivo (yang), mientras que los tonos neutros y pastel ayudan a relajarse o a dormir. Cada color posee una cualidad energética determinada, es decir,

se vincula a una de las cinco energías que simbolizan los cinco elementos.

● La madera se asocia al color verde esmeralda y oscuro.

● El negro representa el agua, en negro azulado y todos los azules.

● El elemento tierra se manifiesta en el amarillo y en ocres y marrones.

● El blanco (plateado) simboliza el metal, en oro y cobrizo.

● El fuego se revela en el color rojo.

visual que provoca en nuestro organismo, teniendo en cuenta que éste reacciona automáticamente, aunque nosotros no seamos conscientes ni nos percatemos.

Colores oscuros
Grises, negros, marrones, azules fuertes, violetas, verdes oscuros, nos provocan sensaciones de

tristeza, frío y agobio porque empequeñecen el espacio, y la gran mancha de color que nos rodea tiene un efecto amenazante para nosotros. Hay que tener claro que todos ellos llevan en su composición gran cantidad de negro, igual al no color, la oscuridad, la noche... Otro efecto que provocan es que absorben gran cantidad de luz y nos oscurecen y apagan el ambiente. Posiblemente, algunos pensarán que estos colores son bonitos. Esto es cierto, pero no son adecuados para las paredes.

Otro efecto que producen es que a través de la reacción de nuestro sistema nervioso transmiten a nuestro cuerpo o por culpa del estímulo constante la clara sensación de frío, enfriando el ambiente constantemente y bajando la energía chi.

Daremos unas instrucciones estándar muy sencillas de los criterios a seguir a la hora de elegir un color.

Colores luminosos

Blanco, amarillo, celeste, naranja esmeralda... tienen mucha luz, y producen el efecto contrario, nos estimulan en exceso y excitan el sistema nervioso por culpa del exceso de luz

Colores pastel o pálidos

Son cálidos, envolventes y suaves. Los tonos marfil, salmón, crema, arena, albaricoque y rosa pálido nos envuelven con su calidez, y dan al ambiente amplitud, suavidad, armonía y belleza, ya que son compatibles práctica-

"Yin y yang se relacionan constantemente de cinco formas: oposición (se atraen), interdependencia (no existe el uno sin el otro), crecimiento y decrecimiento (el sol y la luna que se alternan) e interrelación (uno se transforma en otro)."

mente con todos los demás elementos, y nunca nos producen cansancio. Si estos colores no nos gustan para nuestras paredes es porque nuestra energía no se halla en equilibrio y se halla en un extremo yin o yang. Lo más razonable si entramos a vivir en una vivienda es adaptar los colores a nuestra manera de ser.

Extremo yin

Nos atraen los colores rojo, granate, amarillo chillón, naranja butano... porque estimulan nuestra energía yang, pero si este estímulo es constante, nos afectan en exceso y nos desequilibran.

Extremo yang

Si estamos energéticamente yang nos atraerán los colores negros, grises, violetas, verdes oscuros, marrones, etc. Con ellos intentamos relajar nuestro exceso de energía yang, pero este exceso constante relaja nuestro sistema vital.

La elección del color

Establece qué colores son más beneficiosos para lo que quieres decorar. Luego revisa el diagrama de las 8 direcciones y decide; y decide si debes potenciar, mantener o mitigar el chi de esa dirección en cuestión. Consulta la tabla a continuación, para encontrar una solución adecuada. Los colores que aparecen en negrita son los más importantes. El amarillo, que es el color del centro, está en armonía con todas las direcciones.

En el sistema Feng Shui, cada una de las 8 direcciones y su energía característica están asociados con uno de los colores que aparecen en las siguientes páginas. El empleo de un color en su dirección respectiva ayudará a mantener la energía correspondiente.

● Colores yin frío y yang calor para paredes, suelos y techos

● Verde esmeralda

La energía de la madera propia del sudeste está asociada con este verde oscuro de cálidos tonos amarillentos. Transmite animación, sosiego y tranquilidad.

● Turquesa

Su matiz azulado y más yin conjura la energía chi de la madera propia del sudeste. Favorece un ambiente relajado, pero también infunde ánimo y vigor.

● Azul profundo

YIN, FRÍO. Asociado con la madera del sudeste y el agua es color frío que sólo puede recomendarse para techos, representando el cielo.

● Violeta

YIN, MUY FRÍO. Cálido y fogoso, el violeta conjura la energía chi del fuego del sur. Es un llamado a la pasión, y potencia la sociabilidad en una habitación.

● Rosa melocotón

YANG. Del color del atardecer, este matiz del rosa convoca la energía del metal y potencia el romance y la diversión. Crea el ambiente idóneo para una cena íntima. Calor.

● Naranja

YANG. Cálido, soleado, mezcla de rojo y amarillo, el naranja es el más próximo a la energía de la tierra y del centro. Aligera lugares sombríos, ya que imita la luz del sol. Calor

● Chocolate

YIN. Las energías de tierra y metal propias del oeste y del sudoeste comparecen en los tonos de óxido del chocolate. Es recomendable en los suelos y potencia la estabilidad.

● Gris claro

YIN. MUY FRÍO. La dignidad y la autoridad del nordeste se reflejan en este color próximo a la energía del metal en esta dirección, que contribuye a potenciar un ambiente más formal.

● Colores de fondo

● Amarillo limón
Luminoso y con un matiz atrevido, el amarillo limón encarna la energía terrestre del centro. Evoca frescura y vigor, combinándolos con calidez. Cenefas y baldosas pequeñas de baño.

● Verde lima
YIN. Cercano a la energía de la madera del este. Simboliza los nuevos brotes y llena el ambiente de optimismo. Recomendable para oficinas y lugares de actividad en una sola pared.

● Agua del Nilo
YIN. Esta combinación del verde y el azul, sosegada, es la más cercana a la energía de la madera del sudeste. Potencia la creatividad y la relajación. Ideal para baños y combinaciones en gresite.

● Azul cielo
YIN. La tonalidad más suave y más yin de este azul pastel apacigua el ímpetu de la energía de la madera. Calmante en los techos de toda la casa. Produce altura y armonía: cielo.

● Lila
YIN. MUY FRÍO. Asociado con la energía chi del sur, el lila es demasiado tenue para evocar pasión y fogosidad. Ejerce un efecto más yin en el ambiente. Sólo combinado con amarillo.

● Rosa
YIN. FRÍO. Próximo a la energía metálica del oeste, el color rosa se ha asociado tradicionalmente con la hija menor de la casa. Es muy útil para niñas y mujeres. Romántico.

● Crema
YANG. CÁLIDO. La tibieza del color crema lo aproxima a la energía terráquea del centro. Recomendable para todos los dormitorios y demás espacios de la casa.

● Marrón claro
Los tonos más suaves del marrón sirven para potenciar la estabilidad y la seguridad. Este tono es el más próximo a la energía terráquea del centro. Suelos, zócalos y cenefas.

Formas y figuras en la decoración

Los diseños presentes en el papel de pared, las alfombras, las cortinas y otros elementos pueden caracterizar el flujo del Chi en una habitación. Las formas en esculturas, cuadros y otros objetos ejercen un influjo similar. Si la forma o el diseño se combinan con sus colores correspondientes, se verá potenciado el efecto de ambos.

Diseños en las paredes

Las paredes suelen pintarse, o bien cubrirse con papel, tela, madera, mimbre, etc. Los diseños irregulares que se obtienen pintando con esponjas, trapos húmedos u otros medios están asociados al caos y propician un ambiente visual más cargado. Los colores lisos, por su parte, ejercen un efecto más limpio y claro.

Las plantillas decorativas, los estampados y los dibujos a mano son otra forma de introducir diseños en las paredes, además del papel, telas, sisal, bambú, etc. Los patrones definidos, ordenados y repetidos son más yang. Los menos definidos, irregulares o desordenados son más yin. Si incluyen imágenes figurativas o tienen significados simbólicos, asegúrate de que unos y otros tengan connotaciones positivas para ti. Al decorar las paredes de un cuarto, establece su orientación con respecto al centro de tu casa y estudia las tablas siguientes para encontrar diseños que estén en armonía.

● Diseño de cortinas y telas

LOS ESTAMPADOS

Deben guardar relación en cuanto a colores y formas con el resto del ambiente, es decir, encajar en el estilo por el que nos hemos decidido. Si tenemos colores cálidos en las paredes y en general en todo el mobiliario, en las cortinas podemos poner algunos de los colores que nos gustan, aunque sean un poco fríos, para contrarrestar, y viceversa.

.

FORMAS Y DIBUJOS

Los símbolos y motivos que colocaremos en el interior de las telas estarán relacionados con nuestros gustos personales, siempre y cuando transmitan paz y armonía. Las formas pueden ser muy variadas, intentando compensarse unas con otras y creando una variedad de los 5 elementos, como encontraremos en el gráfico de la página siguiente.

FORMAS Y COLORES DE LOS ESTAMPADOS: Debemos elegir los símbolos para nuestro hogar con los que nos sentimos más identificados, aquellos que tienen un sentido claro y nos producen sensaciones agradables.

DIRECCIÓN	FORMAS	ESTIMULAN	FORMAS	RETIENEN	FORMAS	REDUCEN
	AGUA		**METAL**		**MADERA**	
NORTE **AGUA**	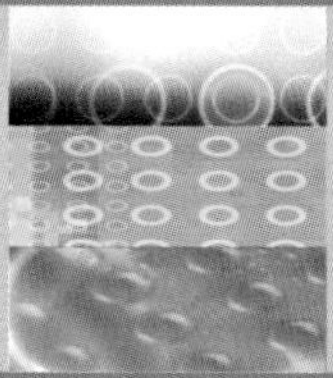	círculos arcos óvalos	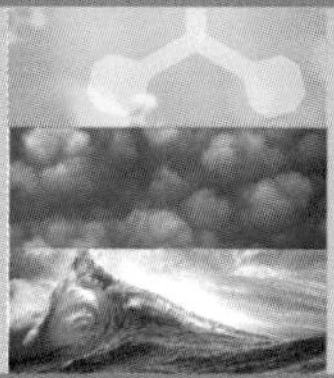	formas irregulares nubes olas		formas alargadas rayas verticales
	FUEGO		**TIERRA**		**AGUA**	
NORDESTE **MADERA**		formas puntiagudas estrellas zigzags		rectángulos anchos rayas horizontales cuadros	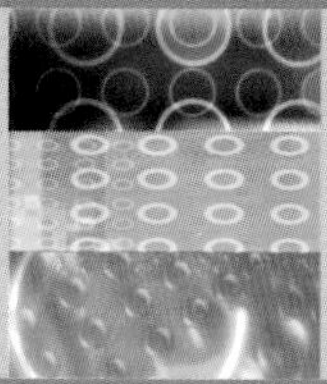	círculos arcos óvalos
	METAL		**MADERA**		**FUEGO**	
ESTE **SURESTE** **AGUA**		formas irregulares nubes olas	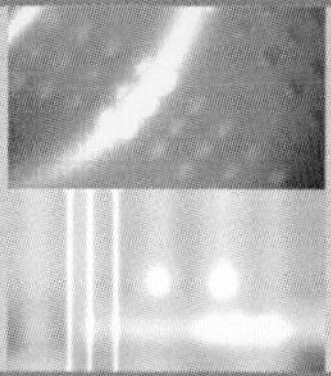	formas alargadas rayas verticales		formas puntiagudas estrellas zigzags
	MADERA		**FUEGO**		**TIERRA**	
SUR **FUEGO**		formas alargadas rayas verticales		formas puntiagudas estrellas zigzags		rectángulos anchos rayas horizontales cuadros

MATERIALES

La energía chi del hogar puede variar debido a los materiales de los muebles y adornos. La correspondencia entre los materiales, los 5 elementos y los sectores de tu casa determina si éstos pueden o deben mantener, potenciar o mitigar el flujo del chi en una ubicación particular. Además del material, la superficie de un objeto afecta la energía en la casa. Cuanto más amplia sea el área que ocupan, más palpables serán sus efectos.

Cuando decores tu hogar, procura elegir los materiales reco-mendados en las tablas de las páginas siguientes, recordando que cada uno de ellos emite una vibración específica, que afec-ta a nuestro cuerpo de una manera directa. La textura, la dure-za, la elasticidad, la calidez o la frialdad producirán unos efec-tos inmediatos en nuestro organismo, ya sea por contacto visual o por el contacto físico.

Materiales sintéticos

Hay que evitar pladur, poliéster, metacrilato, plásticos y PVC, los cuales emiten una vibración negativa, que altera el campo elec-tromagnético de nuestro cuerpo.

Madera

En general, la madera produce unas sensaciones muy positivas; nos transmite calidez, es relativamente elástica, nos transmite la energía de los árboles y nos resulta muy agradable para sentar-nos, trabajar, dormir y disfrutar de ella.

Metal

El acero inoxidable, el hierro forjado, el cromo y otros metales actúan como absorbentes de ciertas energías de nuestro cuer-po, por ejemplo, el calor. El contacto con ellos nos produce un enfriamiento corporal. Reservaremos estos materiales exclusivamente para objetos de la casa de utilidad como electrodomésticos, fregaderos, lavabos, conductos de tuberías, radiadores, pies de lámparas, verjas de ventanas, balcones...

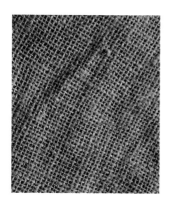

Tejidos y telas

Cortinas, alfombras de lana, tapizados y telas en general deben contribuir a proporcionar un ambiente agradable y cálido para nuestro cuerpo. Los tejidos que aportan calidez y suavidad son lino, algodón, lana, yute, cáñamo, esparto, mimbre, seda y ratán.

Barro y cerámica

El barro cocido es, desde la antigüedad, el material más adecuado para la vida humana, porque es nuestra madre tierra, que nos envuelve. Tiene la misma vibración que la tierra, y es el más adecuado para nuestro cuerpo, aunque los esmaltes y pigmentos sintéticos le añaden cierta carga de toxicidad. Se usa en baldosas, azulejos, utensilios de cocina, zócalos, sanitarios de baño, objetos decorativos, como jarrones, maceteros y canaleras.

Vidrio

Frío y transparente, se considera una mezcla de metal y tierra. Es ideal para utensilios de cocina y algunos objetos decorativos, jarrones, vasos, etcétera, pero no para mesas, mesillas, etc.

Piedra

La dureza y radiación que emiten algunas piedras, como el granito, es altamente perjudicial para el organismo, Deberíamos informarnos antes de cubrir nuestras casas con este tipo de piedras. En general, la piedra debería estar presente en unas proporciones mínimas, y nunca en el interior, salvo recubierta.

LA LUZ

La energía se activa a través de las ondas luminosas. La luz visible oscila entre los 400 y los 700 amstrongs de longitud de onda, una pequeña parte del espectro de la radiación electromagnética que cubre todo el universo, que va desde los rayos cósmicos hasta las ondas de radio, mucho más amplias. La luz natural o luz blanca cubre todo el espectro de la luz visible, entre los rayos infrarrojos y la luz ultravioleta, abarcando todos los colores, y es la luz que nos llega del sol. La luz artificial cubre una gama diferente dentro del espectro visible y aunque es una energía de procedencia natural, sus efectos en nuestro organismo no son positivos. Por otro lado, cuando no tenemos más remedio que utilizarla, debería imitar a una luz solar cálida.

Luces incandescentes

Pueden emplearse en toda la casa. La luz que irradian es uniforme y puede potenciar la energía chi.

Focos

Permiten enfocar un punto particular y estimular allí el flujo del chi, por ejemplo, una esquina oscura donde tienda a estancarse la energía. Empléalas también para iluminar con más intensidad un sector de una habitación, por ejemplo, la esquina donde trabajas, y coloca luces más bajas en los demás sectores.

Luces verticales o lámparas de pie

Impulsan el chi hacia lo alto. Son particularmente útiles si tienes techos bajos o en declive.

● Iluminación

Sea natural o artificial, la luz siempre es energía. Es uno de los recursos más eficaces para la transformación de un espacio. En general, hay que procurar que las casas sean luminosas y bien aireadas. Aunque tampoco hay que iluminar demasiado una habitación: procura que hayan distintos puntos de luz para conseguir un equilibrio entre la parte clara y activa (yang) y la oscura y pasiva (yin). Según el método del Ba-gua, una luz (encendida día y noche) activará la energía del sector de nuestra vida que necesitemos fortalecer si se coloca en la habitación o área de la casa correspondiente.

Luces de bajo voltaje
Generan una luz brillante e intensa, ideal para estimular el flujo del chi en aquellas áreas que están estancadas.

Luces de colores
También introducen distintas frecuencias luminosas. Establece su orientación con respecto al centro de tu casa y elige un color armonioso.

● Luces fluorescentes

No es recomendable la iluminación con tubos fluorescentes, porque emiten sólo una parte yin del espectro luminoso y empobrecen el chi de cualquier estancia, así como el de las personas que la ocupan.

Deben sustituirse por bombillas que emitan casi todo el espectro luminoso. La iluminación por incandescencia y la iluminación halógena son mucho mejores. Siempre que puedas, reduce al máximo o elimina por completo la iluminación con fluorescentes o, al menos, evita su exposición durante largos periodos de tiempo. No hay que olvidar que la luz entra en el cuerpo por los ojos, que son las ventanas del alma. Una luz pobre transmite tristeza y depresión y nos baja la energía. En el trabajo, deberíamos exigir la luz del fluorescente natural, que ya existe en el mercado, homologada para oficinas y lugares públicos. En casa, deberíamos conjugar varios tipos de luz, directa, indirecta, tenue o potente. La más fuerte debería iluminar el techo de la habitación, es decir, proyectarla de abajo hacia arriba.

"La energía ancestral se compara a las lámparas de aceite. Éstas representan la energía que recibimos de golpe al nacer, y la mecha, la vida que consumimos lentamente hasta extinguirla."

"Somos lo que comemos. Buscamos la quintaesencia de los alimentos."

ELECTRODOMÉSTICOS

En el Feng Shui tradicional no existían estos objetos, hemos tenido que incorporarlos a nuestras casas porque nos facilitan la vida y son portadores de energías del exterior que actualmente parecen necesarias. Estos aparatos eléctricos generan en nuestro hogar campos electromagnéticos que pueden alterar nuestra salud si permanecemos largos periodos de tiempo junto a ellos. Pero si tenemos la precaución de desconectarlos por la noche para dormir, no habrá ningún problema. También se puede instalar un desconectador automático para toda la casa, exceptuando la nevera o la calefacción.

Cocinas eléctricas

La radiación electromagnética de una cocina eléctrica afectará a los alimentos que comemos. Es preferible usar cocinas de gas o de leña.

Neveras

La comida que guardas en la nevera se encuentra dentro de un tenue campo de radiación electromagnética. Por ello es preferible mantenerla en un lugar fresco, como un sótano, o fuera de casa durante el invierno.

Televisores

Los tubos catódicos de los aparatos de televisión generan también un campo eléctrico nocivo que se va extendiendo a su alrededor, aunque su intensidad disminuye con la distancia. Cuanto más lejos te sientes, mejor te encontrarás.

Faxes, fotocopiadoras

Manténlos lo más alejados posible de los dormitorios, la cocina y el comedor.

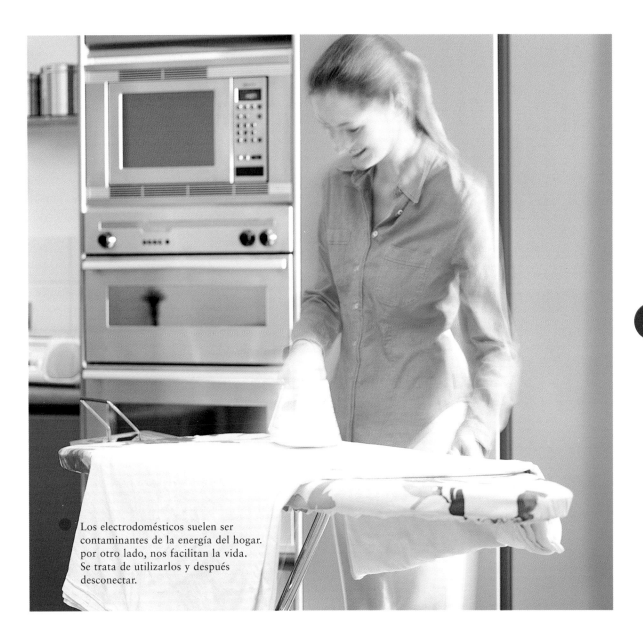

Los electrodomésticos suelen ser
contaminantes de la energía del hogar.
por otro lado, nos facilitan la vida.
Se trata de utilizarlos y después
desconectar.

Ordenadores

La mayoría de monitores funcionan como los aparatos de televisión. Puesto que solemos sentarnos mucho más cerca, el riesgo es aún más alto. Compra un filtro para la pantalla del monitor para reducir los efectos de la radiación o una pantalla plana, que está casi exenta de ellos. Pero no olvides que los efectos más nocivos los emite la torre.

Secadores

La radiación eléctrica del secador está en contacto con el área del cerebro. Es más recomendable que el pelo se seque al natural. También el aire caliente reseca la queratina del cabello, volviéndolo mate y quebradizo.

Estufas eléctricas

Los calentadores crean campos de radiación dentro de la habitación. Es preferible recurrir a una chimenea, a una caldera central o a un calentador a gas.

Teléfonos móviles

Los móviles emiten microondas eléctricas en el área del cerebro. Esta radiación puede calentar ciertas zonas cerebrales, como haría un horno microondas, si se utilizan durante demasiado tiempo. Es posible reducirla colocando un capuchón sobre la antena del móvil o usando un dispositivo de manos libres. Sin embargo, resulta más recomendable el teléfono tradicional.

● Antenas de telefonía móvil

Acrecientan la intensidad y la circulación de las ondas electromagnéticas hacia nuestros tejados, aumentando considerablemente un tipo de contaminación poco estudiada todavía, pero que ha dado muestras evidentes de ser perjudicial para la salud, propiciando ciertos tipos de cánceres. En el mercado se pueden encontrar aparatos para medir este tipo de ondas.

Estos efectos se ven multiplicados si colocamos en el balcón una antena parabólica. Si es inevitable tenerla, lo mejor es situarla a la mayor distancia posible del lugar donde pasemos más tiempo.

Reduce la radiación del móvil colocando un capuchón sobre la antena o usando un dispositivo de manos libres

Cables

En el dormitorio, evita tener cables bajo la cama o cerca de las almohadas. Sobre todo, los enchufes que, aún con la luz apagada, irradian un campo eléctrico hacia fuera, afectan nuestro sistema nervioso y lo cargan de electricidad, que genera estrés. Si queremos neutralizar este efecto en la cabecera de la cama, podemos desconectar el cable que alimenta los enchufes desde la caja de conexiones, dejándolos inutilizados, y conectar la lamparilla de noche en el otro extremo de la habitación con alargos. Estos efectos son más impactantes sobre los niños, que son más sensibles. Si queremos mejorar la calidad de su sueño y su regeneración, desconectemos los enchufes de la habitación.

"El sueño es el espacio de tiempo donde se manifiesta el subconsciente libremente."

**DORMITORIO
DE PAREJA**
Antorium
Orquídeas

**ENTRADA
EXTERIOR**
Hoja perenne: ciprés,
cedro o boj.

BALCONES
Geranio

**COMEDOR
SALA DE ESTAR**
Ficus benjamín

OFICINA
Bambú
Ficus benjamín

**EN CUALQUIER
LUGAR**
Planta del dinero

PLANTAS Y FLORES DE INTERIOR

Las plantas ocupan un lugar especial en el hogar, pues son seres vivos y generan su propio flujo de energía chi. Esta energía viva renueva el ambiente y contrarresta el influjo de los materiales «muertos» presentes en las casas modernas, la radiación de los electrodomésticos y la energía estática que producen el plástico y otros materiales sintéticos. Cuida bien de todas tus plantas. Las hojas enfermas y los tallos secos afectan negativamente el chi.

Las plantas ejercen distintos efectos según su color, forma y la forma de sus hojas y flores. A través de estos factores están asociadas con las ocho direcciones, los cinco elementos y el yin o el yang.

Las plantas con hojas puntiagudas son más yang y aceleran el flujo de energía. Las de hojas redondeadas son más armónicas. Omadera, las que tienen pinchos u hojas estrelladas puntiagudas refuerzan la del fuego, y las enredaderas bajas producen energía de la tierra.

Las flores frescas añaden energía viva al ambiente del hogar. Las vibraciones de su color, y en menor medida su forma, afectan la energía de las habitaciones. Las flores marchitas ejercen un efecto negativo.

En Occidente, las flores secas se utilizan como adornos, pero según el sistema Feng Shui no son recomendables. Se considera que son flores muertas, completamente secas, han perdido toda su humedad y su savia, y por esta razón absorben del ambiente e incluso del cuerpo energías yin hidratantes. En definitiva, actúan como si fueran papel secante.

Los maestros del Feng Shui recomiendan las flores secas hechas de materiales adecuados, como la seda o el papel.

Los jarrones y vasijas que contienen las flores pueden potenciar su efecto según su forma, el material y el color del que están hechos. Por ejemplo, los jarrones de cristal potencian la energía

● Flores

En el proceso de crecimiento y desarrollo de las plantas interviene la proporción áurea o matemática perfecta, que forma una geometría o cuerpos proporcionales exactos. El cuerpo humano sigue los mismos parámetros en su formación. Y en las antiguas construcciones de iglesias, templos o edificios sagrados de diferentes partes del mundo se reproduce esta misma proporción áurea de la naturaleza.

FLORES CORTADAS

Contrariamente a lo que algunos piensan, las plantas emiten sus bellas flores para llamar nuestra atención y ofrecérsenos. Córtalas con mucho cuidado, pidiendo permiso a la planta y agradeciéndole la ofrenda es positivo. Las flores tienen una corta duración, y aunque no las cortemos, se marchitan y mueren. Colocadas en bonitos jarrones de cristal, cerámica o metal, pueden ayudarnos a mejorar un área de nuestra casa. Recordar cambiarlas cuando empiezan a marchitarse.

*"Las plantas son sensibles
a nuestras emociones
y pensamientos
y agradecen nuestros
cuidados, ofreciéndonos
sus flores."*

sosegada del agua, y son ideales en la entrada de una casa. Las vasijas de madera alargadas potencian el ímpetu de la madera, asociado con el crecimiento profesional, y resultan ideales para colocarlas en el espacio de nuestra actividad creativa, representado por el sudeste, y que suele ser al fondo a la izquierda desde la puerta principal.

Los jarrones dorados, de formas cónicas, altas y estilizadas, de colores rojos, incrementan la energía del fuego, asociada con la fama, el reconocimiento público y la pasión. Las macetas y los boles de barro cocido fortalecen la energía más sosegada de la tierra, asociada con la armonía familiar, y resultan ideales en el área del dormitorio de la pareja que simboliza el suroeste y el fondo a la derecha.

PLANTAS DE INTERIOR: son seres vivos que tienen la capacidad de modificar el ambiente, oxigenándolo, humedeciéndolo y embelleciéndolo. Además, nos aportan una cantidad extra de color verde al ambiente que mejora nuestra salud.

AGUA	MADERA	FUEGO	TIERRA	METAL

FICUS BENJAMÍN (*Ficus benjamina*) Estimula el crecimiento de cualquier proyecto relacionado con el lugar donde lo situemos. Por ejemplo, si lo ponemos en la entrada de la casa, estimulará todo lo relacionado con el elemento agua, es decir, la profesión, etc.	**BAMBÚ** (*Poacea bambusa*) Potente estimulante del crecimiento de la economía familiar si se encuentra en el jardín. Un sustituto del bambú para interiores a pequeña escala es el bambú de sobremesa, cortes de la caña del bambú que se mantienen únicamente con agua.	**GERANIO** (*Pelargonium hortorum*) Potenciador de nuestra imagen y promueve nuestra fama colocado en el balcón si está situado en el área del fuego.	**ANTORIUM** (*Anthurium andraeanum*) Potencia y mantiene la unión en la relación de pareja y, en general, todas las relaciones de amor.	**PLANTA DEL DINERO** (*Plectanthrus*) Estimula y mantiene el fluir del dinero de toda la familia. Puede colocarse en cualquier lugar de la casa, teniendo siempre en cuenta el lugar más adecuado para la vida de la planta.

*"La contemplación
de la belleza natural
es un alimento que nutre
nuestro espíritu. "*

JARDINES

Es el área donde se produce un diálogo entre la naturaleza y el ser humano, entre el entorno exterior y el mundo interior. El entorno verde que nos envuelve actúa relajándonos constantemente y purificando y oxigenando el aire que entra en la casa. Rodea la vivienda total o parcialmente, protegiéndola y armonizándola. Es un espacio exterior que mejora y amplía los beneficios del interior.

Los criterios para organizar un jardín son los mismos que para la casa. Se trata de reproducir el paisaje y organizarlo armónicamente, como lo hace la madre tierra. La localización del norte, bien sea magnético, energético o simbólico, es el primer paso para empezar a estructurar el jardín.

En esta área plantaremos los árboles, arbustos o plantas más altos del jardín, que protegerán al resto.

En el sur energético plantaremos las flores multicolores. En el este, arbustos y plantas de menos altura, y en el oeste plantas y arbustos de menor altura y algunas rocallas cubiertas de plantas pequeñas.

La oscuridad de la noche yin es altamente
beneficiosa y necesaria para regenerar
nuestro cuerpo.

"El tradicional y mítico estanque lleno de vida se ha transformado en nuestra sociedad moderna en la piscina moderna, carente de vida."

ESTANQUES

Las formas circulares y ovaladas de los estanques son las más adecuadas, pues armonizan en cualquier espacio del jardín, en especial en las zonas simbólicamente de agua, y las cuadradas o rectangulares son más adecuadas en la zona simbólicamente del viento.

La importancia de los estanques dependerá del tipo de vida que se genera en su interior: peces, tortugas, plantas y demás elementos naturales servirán para potenciar y mejorar la energía de toda la vivienda, siempre y cuando el agua tenga un drenaje y nunca contenga aguas estancadas.

A estos estanques se les puede añadir un circuito de movimiento de agua en forma de fuente para producir un sonido relajante y aumentar su belleza.

Para mayor belleza y estímulo, podemos utilizar plantas acuáticas, entre ellas los nenúfares, que sirven de cobijo a los animales. Asegurémonos de no colocar el estanque en el área del fuego o del metal.

LA PISCINA EN EL JARDÍN

Si deseas colocar una piscina en tu jardín, asegúrate de que traerá beneficios.

El mejor lugar para ubicarla es en el este o en el sudeste magnético, simbólico o energético.

La forma debería ser circular u ovalada, evitando los ángulos agudos. No la coloques nunca cerca de la puerta de tu casa. La mejor posición es en la parte trasera. Conviene situar la piscina lo más alejada posible de la casa, y aún es mejor que no sea visible desde la entrada. Mediante un sistema de drenaje podemos convertir la piscina en un estanque.

La belleza es la energía pura cuando fluye de dentro hacia fuera.

PLANTAS SAGRADAS

Las plantas son los elementos de la naturaleza catalizadores y transmisores de la energía.

Todos sabemos que tienen unas propiedades curativas intensas, y tradicionalmente, se han usado para funciones diversas. Sus aplicaciones Feng Shui son: modifican el ambiente, aportando más oxígeno a nuestra atmósfera interior y nos relajan la vista porque el color verde es el más necesario para nuestro organismo.

Son seres vivos que nos acompañan, sienten y reaccionan a nuestros sentimientos. También atraen ciertas energías a nuestras vidas que sólo ellas pueden transformar.

Las plantas muertas

Hay dos razones por las que mueren las plantas: una razón sería por que no se dan las condiciones climatológicas o ambientales adecuadas, ni para ellas ni para nosotros; la otra razón es porque emocionalmente no reciben ningún estímulo de nuestra parte: las ignoramos. Cuando alguien las cuida y las quiere, se mantienen vivas aunque el clima no sea adecuado, adaptándose a condiciones adversas para ellas.

Por sus efectos protectores y benéficos, conviene incluir las plantas como objetos vivos en nuestro hogar.

El alma de las plantas

Las plantas nos transmiten sus propiedades curativas, ayudando a nuestro cuerpo a mejorar su calidad energética. También afectan a nuestra alma. La proximidad o el contacto con ellas hace que su espíritu sagrado se comunique con el nuestro, aportándonos sus cualidades protectoras y benéficas si nos abrimos a ellas.

Shen Nong Ben Kao Jing

Este clásico de las plantas es la gran obra farmacológica más antigua de China. Registra 365 medicinas, de las cuales 252 son vegetales, 67 animales y 46 minerales. Las plantas siempre han crecido y se han desarrollado cerca de los humanos, y deberían estar presentes en nuestro hogares.

La albahaca (*Ocimum basilicum*) se puede usar como especie en la cocina.

PLANTAS SAGRADAS Y MÁGICAS: Utilizadas desde la antigüedad para proteger el hogar de malas influencias, limpiarlo, sanearlo, atraer la suerte y la fortuna o curar problemas de salud.

PLANTAS SAGRADAS Y MÁGICAS DE DIVERSAS CULTURAS

PROTECTORAS
Artemisa
Muérdago
Panax quinque

CURATIVAS
Enebro
Incienso
Olivo
Mirra
Ciprés

BENÉFICAS
Planta del dinero
Albahaca
Trigo
Rosa de Jericó
Lirio
Yaba

TALISMANES
Artemisa
Trigo
Cilantro

165

MUÉRDAGO
Planta mística de los druidas. Simboliza el descenso de lo divino sobre la materia. Sólo la cortaban los sacerdotes con espada de oro.

ENEBRO
Las bayas quemadas purifican el ambiente de cualquier influencia astral.

TRIGO
Planta de la suerte. Los granos se utilizan para traer la suerte al hogar.

ARTEMISA
En toda Europa, cogida el día de San Juan y haciendo una corona que se coloca en la puerta de casa, protege contra maleficios, espíritus o desgracias.

MÁS YIN

EL MOBILIARIO

La orientación de las sillas, las camas y las mesas de tu casa determinan en qué lugares pasa más tiempo tu familia. Coloca tus muebles de modo que te sitúen en una ubicación favorable, y de cara a una dirección propicia. El color, la forma y el material del que están hechos los muebles, al igual que su historia si son antigüedades, también pueden afectar la energía de una habitación.

Con ayuda del Feng Shui, puedes elegirlos de modo que realmente estén en armonía con su futura ubicación. Desde luego, las necesidades prácticas no siempre coinciden con los criterios del sistema Feng Shui y es necesario encontrar un punto de fusión. En el terreno de los materiales, la madera suele ser el más adecuado, pues ejerce un efecto neutro en todas las direcciones.

Los muebles nuevos renuevan el ambiente de una casa, y los viejos albergan la energía estancada del pasado. Sus usos anteriores determinan el tipo de energía Chi que habita en ellos. La mayoría de los muebles absorben en poco tiempo la energía de un entorno nuevo.

Sillas

Las sillas mullidas de formas redondeadas son más relajantes y más yin. Las sillas rígidas de respaldo recto invitan a levantarse y son más yang.

● **Para trabajar** son ideales las de oficina de fibras naturales con cinco patas que nos permiten encarar las ocho direcciones más el centro, facilitándonos más posibilidades de recursos. Los colores más adecuados son crema, ocre, verde claro brillante, naranja, granate, terracota y marfil.

● **Para comer** serán ideales de mimbre o madera, tendrán el respaldo recto y el asiento acol-

● Muebles

La disposición del mobiliario en las estancias de la casa repercute en el ambiente. Un exceso de muebles y una colocación errónea puede entorpecer o estancar el flujo del chi. Para la correcta distribución del mobiliario en una habitación tendremos en cuenta los siguientes puntos:

● Los sitios para sentarnos y la cama no deben colocarse directamente enfrente de la puerta, ya que recibiríamos un impacto demasiado brusco de la energía.

● El mobiliario debe colocarse siempre amparado por las paredes.

● Cuando una estancia tiene forma irregular, los muebles deberían sustituir o dar continuidad a las líneas armónicas ausentes.

● Procura que la cama o el lugar donde te sientes no quede directamente debajo de un techo en pendiente o unas vigas amenazadoras.

● Cuando una sola habitación recorre todo el largo de la casa y queremos crear diferentes ambientes, utilizamos los muebles para dividirlos y ayudar a fluir la energía.

● Podemos dividir los muebles en dos tipos: abiertos y cerrados.

- Los abiertos son aconsejables si los rellenamos con objetos de forma parecida o iguales, como libros de una misma altura.

- Los cerrados son para guardar objetos dispares que generarían caos a la vista. Sus puertas o cajones deberían tener algún agujero u abertura en el diseño, para que la luz penetre en el interior del mueble.

chado y confortable. Sus colores serán el crudo, el crema, el salmón o una combinación de todos formando un estampado.

● **Para el descanso** serán ideales mullidas, cálidas y confortables, como las butacas, para apoyar los brazos y la nuca, y si es posible con un complemento para estirar las piernas, que puede estar añadido o separado del sillón.

Mesas

La mesa del comedor, en ocasiones, es también la mesa de trabajo. Cuando deba cumplir estas dos funciones será una **mesa rectangular o cuadrada**, sólida, de madera clara con algún detalle torneado o artístico en su diseño.

● **La ovalada** es ideal para reuniones donde juntamos a toda la familia. Para fomentar la unión, la creatividad y las relaciones familiares armoniosas. No son adecuadas como mesas de oficina.

● **La redonda** es parecida a la ovalada, con la variante de que proporciona más unión entre las personas que se sientan alrededor. Tampoco en este caso es adecuada como mesa de trabajo.

● **La de jardín** puede ser de piedra, madera, plástico, hierro, cristal o cerámica, ya que estos materiales pueden aguantar fácilmente la intemperie sin deteriorarse. Suelen usarse muy poco y conviene que cada vez que se usen se cubran con un mantel de tejidos naturales.

Cajones

Como hemos dicho antes, deberían incluir en su diseño alguna abertura para que la energía positiva de la casa (luz, aire) penetre en su interior. A veces estas aberturas cumplen la función de los tiradores.

Camas

Añadiremos a este tema, del que hablamos anteriormente, el tema de las cabeceras, que pueden ser de madera limpia o tapizadas con relleno de algodón o de fibras naturales, o tener únicamente un detalle de tela con dibujos simbólicos que sustituyen a la pieza de madera. No deben ser en ningún caso de hierro ni de cristal ni de pladur o plástico.

Armarios empotrados

Son los más adecuados porque no invaden ningún espacio y permiten ordenar en su interior la mayor cantidad de objetos. Hay que evitar situarlos en las zonas que sean positivas para nosotros. Hay que evitar situarlos en las zonas que nos resulten más positivas para nuestro cuerpo. Siempre priorizaremos nuestro sitio.

Tocadores

Suelen estar en el dormitorio y actualmente ya no son necesarios. Si disponemos de espacio y tenemos un tocador que nos gusta podemos darle la utilidad que queramos, pero, teniendo en cuenta que los cajones en esa área especial de la casa pueden traernos problemas porque encierran y bloquean la energía. Para sustituirlos, podemos colocar algún escritorio pequeño, sencillo y abierto.

● Hamacas y mecedoras

Las sillas deben estar diseñadas para abrazar nuestro cuerpo y recogerlo mientras descansa, adaptándose al máximo a su forma. El ideal para esta función es la hamaca, que nos permite adoptar cualquier posición que nos apetezca, y nos mantiene suspendidos, produciéndonos una sensación de relax muy agradable. Podemos utilizarla también para dormir cómodamente.

Los mismos criterios sirven para tumbonas y balancines. Las mecedoras producen un movimiento que estimula nuestra energía.

LA ENTRADA

Son las aberturas por donde la energía entra y sale. Estas dos direcciones regulan la cantidad y la calidad del chi que se esparce por toda la casa. Tu campo de energía personal, al entrar en la casa, desplaza una porción del chi de su interior, que a su vez desplaza otra porción, y el flujo se prolonga más allá de la puerta. Lo

mismo ocurre cuando sales de casa. Cuanta más gente cruce el umbral de tu casa, más afectado se verá el flujo de energía y mayor será la importancia de la puerta principal.

La puerta ideal

La orientación y localización de la puerta principal es primordial. En algunas escuelas de Feng Shui se considera lo más importante a la hora de estudiar una vivienda. Si consideramos la casa como un segundo cuerpo, la puerta representa la boca, por donde entran todos los alimentos y salen todas las emociones, sonidos, pensamientos, que podemos expresar.

Desde este punto de vista, la puerta de entrada es el elemento más importante a considerar.

La puerta ideal de una casa tiene diferentes modelos, dependiendo de si hablamos de una casa de campo, de un apartamento, de una urbanización, de una casa de pueblo o de un piso del centro de la ciudad.

En una casa de campo

La puerta debería ser grande, de madera, acabada en un arco o muy ancha, con algunos símbolos que aludan a la naturaleza y sus ciclos: la cosecha, las reservas, el nacimiento y el crecimiento.

La favorecen algún símbolo sagrado abstracto y algún símbolo astrológico. Puede incluir un pequeño orificio o ventanilla para ver desde el interior hacia fuera.

El marco exterior puede ser de piedra, con una arcada en la parte superior. En algunos casos, puede haber una doble puerta con forma de verja metálica.

Algunas casas están protegidas por altas paredes que sustituyen la protección de las montañas. Estas paredes a veces rodean toda la casa y otras son una extensión ante la puerta. Esto genera que tengamos dos puertas. La primera puerta no debería estar enfrente de la segunda, pero de ser así el camino que las une debería ser ondulante y con curvas.

● Consejos generales

● Cualquier puerta de entrada debe poder abrirse de par en par hasta tocar las paredes.

● No colocar detrás de la puerta cuadros ni paragüeros, ni sillas, ni percheros.

● En algunos casos, en las puertas dobles se puede fijar una hoja de la puerta, aunque deben abrirse cuando hay visitas o en épocas cálidas.

● Hay una costumbre que ha desaparecido por completo y es que, según los criterios del sistema Feng Shui, debería ser posible mantener la puerta abierta todo el día y cerrarla solo por la noche. Esto favorecerá la circulación y la regeneración y oxigenación de la energía, nos proporcionará más abundancia en todos los campos de nuestra vida, mejorará considerablemente nuestras relaciones con familiares, amigos, conocidos, etc, desarrollaremos la confianza y la fe en los demás y nos liberaremos completamente del miedo a los demás.

"La puerta es uno de los símbolos más místicos, abstractos y mágicos. Al cruzarla, cambiamos totalmente de dirección. En el paisaje natural, hay muchas puertas invisibles."

171

Orientación de la puerta de entrada

SUDESTE	SUR	SUDOESTE
Una ubicación favorable, en particular para la comunicación y el desarrollo en armonía.	La actividad del sur es recomendable si deseas llamar la atención. Sin embargo, puede estimularte en exceso, fomentar discusiones e incluso llevarte a la separación.	El suroeste expone tu hogar a su energía reposada y parsimoniosa.
ESTE Es una ubicación favorable, sobre todo para una persona joven que está empezando su carrera.	**CENTRO**	**OESTE** La energía Chi del oeste está asociada al placer, el romance y los ingresos, pero también puede dar paso a la pereza.
NORDESTE Tu casa se verá expuesta a la energía tajante e impredecible de esta dirección. Puedes llegar a tener problemas de salud.	**NORTE** La quietud y la calma del norte no son aconsejables para la puerta de entrada a tu casa.	**NOROESTE** Favorece el liderazgo, la capacidad de organización y el sentimiento de que estás al mando de tu vida.

En un apartamento

Se considera puerta principal la entrada al edificio desde la calle. Ésta debe tener unas características similares a la de la casa de campo, pero la variante es que suelen tener incorporado un cristal para que entre el máximo de luz que se reparte por todo el edificio.

La segunda puerta de nuestro apartamento también es importante, y debe ser lo más grande y sólida posible, con algún trabajo artístico en la madera, de un color claro si es posible, y, si es muy oscura, pondremos una luz encima que se mantendrá siempre encendida.

Nuestro nombre grabado en una placa y una alfombra rectangular en el umbral lo más grande posible, de colores vivos o la clásica bienvenida rematarán la decoración.

En una casa de pueblo

Podemos aplicar las instrucciones de los casos anteriores según la costumbre local, por ejemplo, un color o un material predominantes que marcan el estilo generalizado original que deberíamos respetar. A veces, para destacar construimos casas completamente distorsionantes en formas y colores, sin tener en cuenta cuál es la característica estética del lugar. La idea de integración, armonía de conjunto, unión y comunidad, deberían respetarse a la hora de construir en un pueblo.

En una urbanización

Actualmente se han puesto de moda las urbanizaciones, que consisten en grupos de casas organizadas geométricamente en parcelas o adosadas y más o menos apartadas de la ciudad. Cuando están unidas a los pueblos suelen denominarse zonas residenciales.

Las construcciones que se realizan en ellas suelen ser modernas y construidas según criterios económicos que no tienen en cuenta la energía. Por eso, en general, tienen unas puertas demasiado pequeñas, que no favorecen

*"A la entrada y
tras la puerta se esconden
las energías protectoras
visibles e invisibles
de una casa."*

tanto la entrada de energía como en las viejas casas con puertas dobles o con arcadas.

Podemos mejorar y engrandecer nuestra puerta, añadiéndole unos adornos exteriores en forma de cenefa de madera o de cerámica, o incluso en algún caso metálicas, para dar la impresión de que son más grandes.

En estas entradas es donde podemos colgar las campanas de viento.

En el centro de la ciudad

Suele haber un tipo de construcciones antiguas, artísticas, con muchos símbolos de todo tipo, que contienen conceptos del Feng Shui, como los edificios modernistas, que son muy adecuados para la circulación de la energía.

Prácticamente todas estas puertas con estilo están muy bien hechas, junto con las fachadas y los interiores, aunque actualmente están sufriendo unas graves transformaciones mutilantes de toda esa riqueza arquitectónica, exuberante, con la que se construyeron.

Escaleras tras la entrada

Las escaleras junto a la puerta de entrada proporcionan uno de los problemas de más difícil solución en el sistema Feng Shui.

La escalera que desemboca en la puerta nos envía la mayor parte de la energía de nuevo hacia la calle. Es muy difícil en estas circunstancias lograr retener no sólo la energía sino todos los aspectos de nuestra vida por este movimiento de salida constante. Nos resultará difícil conseguir las cosas.

En algunos casos, esta situación la hemos solucionado, por orden de efectividad, como explicamos en el cuadro que hay a la derecha.

Escaleras para entrar

La puerta de entrada a una vivienda nunca debería tener más de dos o tres escalones para acceder a ella.

En los casos en los que la puerta de entrada tenga una escalera previa de varios peldaños, esto se contempla según el sistema Feng Shui como un acceso difícil de la energía, que merma las posibilidades que nos brinda la casa.

En estos casos, tenemos que usar la imaginación y buscar un elemento que una estas dos distancias.

Picaportes

Pueden tener diferentes formas. La más adecuada es redonda u ovalada, aunque la octogonal es muy apreciada según el sistema Feng Shui. Estimula la entrada de las 8 direcciones más el centro en nuestra casa. Dorados y brillantes, maderas o cristal y hierro forjado son las variedades que podemos encontrar. Los más adecuados son, de mejor a peor, dorados y brillantes, de madera, de cristal y de hierro forjado. En tu imaginación está el límite de la forma que debe tener.

● Soluciones para la escalera tras la entrada

● Tapando el agujero de la escalera con obra y colocando una puerta que encierre la escalera entera.

● Colocando una barrera que oculte la visión de la escalera, dejando sólo a la vista los dos primeros peldaños, que deben suprimirse, hacer un rellano y colocarse vueltos 90 grados hacia el interior de la casa. La escalera se oculta mediante una pared de obra o de madera, una lona, un estor o una placa de pladur.

● Si estas soluciones no fueran posibles y tuviéramos que mantener la desembocadura de la escalera directamente hacia la puerta de entrada, colocaremos objetos o elementos simbólicos, por ejemplo caballos, elefantes, vacas o leones a plena carrera en cada peldaño subiendo la escalera. Estas figuras deben ser muy realistas y realizadas con materiales de calidad.

También puede ser un San Jorge con su lanza o espada en actitud combativa orientado hacia arriba, para contrarrestar la energía que baja en picado por la escalera. Otra solución es dibujar cenefas en la pared con formas direccionales ascendentes, como puntas de flecha en su terminación.

Otra opción sería sustituir las figuras de animales por pinturas que representen una carrera, por ejemplo de caballos, en forma de secuencia.

*"En el cuerpo humano,
los ojos son
las ventanas del alma.
En la casa sucede
exactamente
lo mismo.
Las ventanas son
los ojos del alma
de la casa."*

VENTANAS

La energía chi también fluye dentro y fuera de tu casa a través de las ventanas, pero en este caso el flujo no se ve potenciado por la entrada y salida de seres humanos. Sin embargo, las ventanas también dejan entrar la luz, y la dirección de la que ésta procede condiciona la energía de tu hogar. En principio, lo óptimo sería que tu casa recibiera luz procedente de todas las direcciones.

Las ventanas de tu casa deben ser fáciles de abrir. Trata de abrirlas al menos una vez cada día, para que entre aire fresco y energía Chi, y límpialas con regularidad. Remplaza en cuanto puedas los vidrios rotos o agrietados.

Por último, evita dormir junto a una ventana o sentarte de espaldas a una ventana si no está cubierta con una cortina gruesa. Te sentirás inquieto y tendrás dificultades para relajarte o para dormir.

Ventanas grandes

Las ventanas grandes facilitan la entrada de luz en el interior; sin embargo, un número excesivo de ellas puede estimular demasiado la actividad del interior, impidiendo que nos sintamos relajados en casa; por contraste, si tienes pocas ventanas, la energía puede llegar a estancarse en el interior.

Ventanas pequeñas

Las ventanas pequeñas son las más adecuadas, aunque van en contra de las tendencias actuales.

La proporción ideal es la misma que existe en el cuerpo humano entre la cabeza y los ojos. En la pared que representa nuestro norte, sea magnético, energético o simbólico, nunca debería haber ventanas, o en todo caso se puede aceptar una muy

Colocar los sillones de
espaldas a la ventana
no es conveniente.

misma que existe entre yin y yang, siete a uno. Ésta es también la proporción áurea.

Las formas de las ventanas están relacionadas con los cinco elementos y también tienen consecuencias.

Ventanas rectangulares y alargadas

Están asociadas a la energía ascendente del elemento madera y generan un ambiente dinámico en el interior. El este y el sudeste son sus direcciones más propicias.

Ventanas triangulares o puntiagudas

Representan la energía del fuego, pero son poco frecuentes y nada recomendables.

Ventanas cuadradas o con rectángulo ancho

Asientan la energía más sosegada de la tierra. Son especialmente beneficiosas en el sur.

Ventanas circulares

Están asociadas con la energía del metal y el agua. Concentran el ambiente en el interior, y producen un ambiente más propicio para la inspiración, gracias a la sensación de recogimiento ofrecida, y son más adecuadas en el suroeste, el oeste y noroeste.

Los ojos de buey son ideales para escaleras, edificios altos, iglesias (por ejemplo, en rosetones), y barcos.

pequeña, para generar corriente de aire y ventilar.

El norte, en la casa, simboliza la parte de atrás de nuestra cabeza, y no tenemos ningún orificio en esa zona, por lo que en ella no ha de haber ninguna abertura.

Los ojos están en la parte delantera, que simboliza el sur, y en ningún caso pueden superar la proporción de los ojos en la cara, que es la

● Cortinas y persianas

Las cortinas y las persianas pueden facilitar el paso de la energía chi, pero también pueden obstaculizarlo. Si una ventana está orientada en una dirección favorable, lo ideal será potenciar el flujo del chi; pero, en otras situaciones (por ejemplo, en un dormitorio durante la noche), es más aconsejable obstruirlo. Las cortinas ofrecen la alternativa más flexible. En general, ralentizan el flujo de chi, pero su efecto puede variar según sean más pesadas, más ligeras, transparentes, etc.

En las habitaciones amplias, el chi circula con fluidez y cerrar las cortinas puede propiciar un ambiente más apacible y acogedor. Sin embargo, en una habitación pequeña pueden contribuir a que se estanque el chi. En el dormitorio, las cortinas pueden ayudarte a conciliar mejor el sueño. Si tu cama está cerca de una ventana, o duermes con la cabeza orientada hacia una ventana, coloca una cortina gruesa que ralentice el flujo del chi a través del vidrio.

LAS FORMAS

● Las formas rectangulares en vertical son las clásicas cortinas estándar que pertenecen a los elementos madera y tierra.

● Las rectangulares redondeadas o con ribetes ondulantes pertenecen a los elementos agua y metal.

● Las de ganchillo acabadas en picos que colocamos directamente en el cristal pertenecen al elemento fuego.

● Las estoras que se enrollan podemos utilizarlas, además de en las ventanas, en algún punto de la casa donde queramos crear una separación estilo tabique. La energía enrollable las caracteriza como elemento agua.

LOS MATERIALES

Los más adecuados para las cortinas son los de fibras naturales, como algodón, seda, lana, esparto, yute, bambú, lino.

Las fibras sintéticas, como el nailon, el tergal, las microfibras o el poliéster, alteran la energía que entra y sale por las ventanas.

LOS COLORES

Los colores de cortinas y persianas estarán relacionados y armonizados con los del interior y el exterior de la vivienda. Asesórate bien. Es importante recordar que desde la calle se ven nuestras ventanas, de modo que es importante que reflejen una imagen armónica y atractiva, lo cual potenciará nuestro prestigio y fama.

*"El camino
del conocimiento
es comparable
a una escalera,
que debe recorrerse
peldaño tras peldaño
hasta llegar
a lo alto."*

ESCALERAS

Las escaleras son el canal por el que fluye el chi entre las distintas plantas de una casa. Rectas o empinadas potencian este efecto y hacen que el chi circule aún más rápido.

La ubicación de la escalera altera la manera en que el chi circula entre las plantas de una casa. También influyen en ella los puntos de partida y de llegada. La energía de tu casa adquiere velocidad al paso de los escalones, y, si el último desemboca en la puerta principal, tenderá a salir despedida fuera de tu casa. Este fenómeno puede causar un déficit de energía en el interior. Por lo general, no es aconsejable dormir, trabajar o tratar de relajarse cerca del comienzo o final de una escalera.

Tras la puerta principal

Si las escaleras están enfrentadas con la puerta principal, coloca una estantería a modo de pantalla, un biombo o una cortina al inicio de la escalera en la planta baja y gira los últimos escalones con una pequeña obra.

La barandilla

Suele ser de hierro, madera u obra. En el caso del hierro forjado o cualquier otro metal, el acabado para apoyar las manos debería ser de madera.

Los peldaños

Deberían tener la medida justa y ser de madera o barro cocido, es decir, cerámica, pero en el caso de que sean de mármol, metal o terrazo, que son muy duras y frías, podemos recubrirlas totalmente o parcialmente en el centro con un carril de yute, lana, algodón o una estera paja.

Las cenefas de cerámica colocadas en el frontal de los peldaños también pueden compensar su parte negativa.

● Un guardián en la escalera

En Feng Shui las escaleras son importantes porque unen la energía entre un piso y otro. Es favorable que sean anchas, redondeadas y que lleven hacia un distribuidor ancho. Cualquier recodo que pueda parecer una flecha secreta debe suavizarse con una planta, por ejemplo. Nunca deben arrancar directamente frente a la puerta principal, porque esto provocaría la irrupción rápida y recta del chi negativo hacia la planta superior sin pasar por la baja.

● Un remedio muy popular consiste en colocar frente a las escaleras la imagen de un guardián que mantenga alejada la energía negativa. También es muy eficaz colocar en los escalones objetos simbólicos que mueven la energía en dirección opuesta, es decir, impiden que baje en picado por los escalones. Los más adecuados son: caballos que cabalgan hacia arriba, elefantes, etc., de los cuales se pueden colocar uno en cada peldaño.

ESPEJOS

Este objeto mágico es muy cuestionado por los interesados en el sistema Feng Shui. Se suele creer que los espejos solucionan todos los problemas de una casa. Esta información no es correcta ni mucho menos. Primero, intentaremos explicar qué es un espejo: es un vidrio al que se le ha añadido la posibilidad de reflejar las imágenes. La magia consiste en que el cristal, directamente relacionado con el agua, de carácter onírico o magnético, atrae hacia sí todo tipo de imágenes, visibles e invisibles, y las retiene. Nuestras energías sutiles, como el cuerpo de luz, o aura, los pensamientos, las influencias magnéticas de nuestros antepasados, que están en nos-

otros, también se reflejan, aunque no las veamos, ya que son energías no visibles para el ojo ordinario, pero que la mayoría de animales domésticos, niños y algunas personas en las que se han despertado esas facultades, pueden verlas.

Energías invisibles

Estas energías tienen formas, colores y vibraciones, pero pertenecen a otra dimensión de materia más sutil. Pues bien, el «inocente» espejo lo refleja todo, y lo retiene en su estructura captadora y reflectante, debido a que de alguna manera queda impreso en el vidrio y no puede escaparse.

Culturas antiguas

Algunas culturas primitivas lo consideraban un objeto maléfico e indeseable y sólo lo utilizaban para la magia, porque tenían la creencia de que capturaba su alma, y la retenía sin devolvérsela. En los cuentos tradicionales siempre aparecen los espejos como símbolo de sabiduría que guarda el conocimiento del pasado y puede predecir el futuro como típico elemento de consulta: «Espejo, espejito...». De aquí surgió la bola de cristal.

En algunas tradiciones chamánicas se utiliza para atraer seres de otras dimensiones vibracionales. Es peligroso utilizarlo sin tener todo esto en cuenta. Según nuestra experiencia de

Narciso descubriéndose a sí mismo en las aguas.

El espejo como objeto proviene del cristal mineral en cuyas facetas se reflejaban imágenes que un tiempo después eran mostradas mágicamente en la piedra. En la naturaleza, el espejo es el agua, que refleja la inmensidad del cielo, míticamente representado en Narciso.

183

● Objetos decorativos

La circulación de energía en tu casa y en tu jardín se ve afectada por la presencia de objetos decorativos, cuadros y esculturas. El influjo de estos objetos depende de su forma y del material con que están hechos. El contenido simbólico de las obras de arte también puede tener un efecto importante.

FIGURAS DE PIEDRA.

La energía de las piedras no es muy adecuada para el interior del hogar, pero los símbolos o figuras representativas, simbólicas, pueden favorecernos notablemente.

CAJAS DE CARTÓN, MADERA, METAL O PLÁSTICO

incluso forradas de tela, son muy adecuadas para guardar pequeños objetos en estanterías o armarios, pero procura que tengan siempre alguna abertura.

FIGURAS DE BARRO O CERÁMICA.

Los objetos de barro tienen un efecto estabilizador. Colócalos en el sudoeste energético, simbólico o magnético, aunque pueden estar por toda la casa.

FIGURAS U OBJETOS DE MADERA.

Contribuyen a crear un ambiente más vital. Se encuentran en armonía en el este y sudeste.

OBJETOS DE CRISTAL.

Colócalos en el norte simbólico, energético o magnético para lograr que se cree un ambiente más fluido.

años visitando casas, podemos constatar que en ningún caso es inofensivo, y en un 90 por ciento de casos actúa negativamente.

Espejos útiles

Un espejo completamente nuevo cuyo cristal no haya estado expuesto en tiendas, donde han podido reflejarse todo tipo de personas y energías tendrá un efecto positivo en nuestro hogar. Debe colocarse donde sea útil, por ejemplo, en el cuarto de baño, para peinarse, afeitarse, maquillarse, etc.

También resultará muy útil en una zona o habitación que sea muy estrecha y nos interese ampliarla con un espejo, pero hay que tener cuidado de qué imágenes atrae el espejo hacia sí y hacia dónde las envía.

Espejos negativos

Un espejo antiguo que queremos conservar, herencia de un antepasado a quien amamos, o simplemente nos lo hemos comprado en un anticuario, porque nos gusta el marco.

Podemos limpiar el marco con algún producto Feng Shui que hay en el mercado, y cambiar el cristal por uno nuevo. La colocación de espejos Feng Shui es un tema muy delicado, porque al ser objeto mágico y desconocer sus procesos, la mayoría de las veces ignoramos si la dirección a la que hemos encarado el espejo es la que atrae el flujo de energía que necesita-

mos o es la que nos aleja de ella. Ante la duda, es mejor ser prudentes y anularlo.

Espejos octogonales

Los espejos octogonales con etiqueta Feng Shui contienen en algunos casos los trigramas y las 8 direcciones más el centro, pero la mayoría de veces estos gráficos están colocados sobre el espejo con materiales adhesivos y de poca precisión, lo que significa que a veces está torcidos o con los trigramas al revés. Su efecto es muy negativo en este caso.

Este espejo octogonal debe estar hecho con las proporciones exactas y los trigramas impecablemente grabados y con la mayor exactitud posible, ya que, de no estarlo, al estar colocados sobre una superficie reflectante, producirán unos efectos incontrolados. No sabemos si está atrayendo las energías de los edificios que nos rodean o de los espacios desequilibrados de nuestro propio hogar, o está emitiendo hacia el exterior todas nuestas energías positivas.

De nuevo, ante la duda y el desconocimiento, es mejor anularlos. Hay un tipo de espejos octogonales de madera en el mercado con los trigramas grabados en relieve, que aparecen como más eficaces y tampoco son aconsejables, porque entre los relieves se producen sombras que alteran la geometría y la precisión de cada trigrama. De nuevo, esto puede repercutir negativamente en nuestra casa.

*"Hay que tener cuidado
con las rocas primarias,
que están cargadas
de energía negativa,
por ejemplo,
en León,
donde la presencia
de uranio en el suelo
hace que ciertas
enfermedades
superen la proporción
media de otros terrenos
menos agresivos."*

LAS PIEDRAS

Las piedras deberían estar siempre fuera de la casa, en el jardín o en las repisas de las ventanas, porque es una energía muy dura, fría y lenta que no nos conviene en el interior.

Sus características, metal y algo de agua, las hace poco propicias para nuestro cuerpo. Si nos sentamos encima de una piedra, sentiremos sus efectos, ya que nos enfría los riñones rápidamente, y está tan dura que nos duelen los huesos.

Algunas piedras como el granito y otras piedras primarias, emiten radioactividad y son muy nocivas para la vida humana. Situar una casa encima de una roca de granito hará con seguridad que sus moradores enfermen. Esto está demostrado, pues la radiactividad puede medirse.

Efectos negativos

En la mayoría de los casos, desconocemos la radiación o vibración de las piedras o minerales que colocamos en la casa, qué tipo de energía nos están aportando y cuál es la zona en la que las hemos colocado, es decir, no sabemos si es una zona de energía rápida y liviana y le estamos colocando energía lenta y pesada.

Somos conscientes de que se han puesto de moda, y de que tienen una gran belleza, pero en ningún caso son neutras e inofensivas. Lo único importante en este caso, es que conozcamos las energías que estamos utilizando.

● No hay que olvidar que las piedras son seres vivos y nacen en el interior de la tierra, y que siempre deberían estar cubiertas y abrigadas por la tierra. Por esta razón, es lógico que necesiten tierra, luz, aire, agua, etc. Al arrancarlos de su núcleo se altera su energía.

Efectos positivos

Algunas esculturas de piedra, como leones, aves u otros animales, y también guerreros, colocados en la puerta de la entrada de templos o palacios, tienen unos efectos de protección muy positivos.

● Esculturas y columnas de ángeles, hadas y vírgenes en las fuentes, el jardín o simples pedruscos sin esculpir colocados en lugares estratégicos del jardín, tendrán efectos muy positivos, pero deberíamos rodearlos con pequeños musgos, líquenes y plantas que los disimulen y suavicen con su color verde.

● Como equilibrantes de algunas energías patógenas o geopatías, por ejemplo, en una zona alterada por el agua subterránea, podemos contrarrestarla con algún mineral de vibración opuesta. Pero para ello hay que conocerlas en profundidad.

Piedras preciosas y semipreciosas

Estas piedras son cristalizaciones de sustancias minerales que se forman con energías y en lugares telúricos específicos. Así como las esencias sintetizan un aroma determinado, las piedras preciosas, formadas a gran profundidad, concentran en su seno la energía acumulada en los minerales de un lugar determinado a lo largo de milenios.

Las vibraciones que desprenden estas piedras tienen tanta intensidad que modifican instantáneamente la energía a su alrededor.

Las piedras semipreciosas están a medio hacer y su energía es inferior.

Entre las piedras preciosas podemos mencionar, por ejemplo, la actinolita, poco conocida, que tiene un suave color turquesa y se usa para ayudar en la meditación, o el ojo de tigre, que armoniza el séptimo chakra y sirve para el crecimiento interior.

OBJETOS, PAISAJE INTERIOR: Las formas que nos rodean en el interior de nuestra vivienda forman nuestro entorno inmediato, que puede ayudarnos o bloquearnos. Los objetos nos transmiten un mensaje abstracto que va directo a nuestro subconsciente, y éste lo procesa exteriorizándolo en positivo o en negativo, de manera relajante o estresante.

CLASIFICACIÓN DE LOS OBJETOS DE NUESTRA CASA

OBJETOS ÚTILES	OBJETOS INÚTILES	OBJETOS SAGRADOS	OBJETOS MÁGICOS
Vajillas	Cuadros de contenido	Plantas vivas	Espejos
Cubiertos	inconcreto	Imágenes simbólicas	Recuerdos étnicos
Muebles	Muebles de adorno	Budas	Dibujos y pinturas
Ropa	Obras de arte	Tótems	hechos por niños
Zapatos	y esculturas mutiladas	Fósiles	Fotos de lugares
Electrodomésticos	Recuerdos sin utilidad	Ángeles	mágicos
Equipos informáticos	Pósters de personas	Mandalas	Ángeles
Costureros	desconocidas	Medallas con símbolos	Hadas
Lámparas	Piedras y minerales	Velas	Candelabros con
Cosméticos	manipulados	San Pancracio	símbolos esotéricos
Productos de limpieza	industrialmente	Duendes de jardín	Fotos de antepasados
Alimentos	Sillas en sitios		Espadas auténticas
Libros	inadecuados		Máscaras artesanas
	Campanas de viento		Reyes de Oriente
	donde no hay viento		Vírgenes peregrinas
	Bolas de cristal donde no		Sonidos ancestrales
	toca el sol		Mantrams

OBJETOS NEGATIVOS: Algunos objetos de apariencia inofensiva o de adorno pueden ocasionarnos problemas. Los que nos rodean son captadores de todo tipo de energías y la retienen. Si no sabemos cómo descargarlos, mejor no utilizarlos. La negatividad se produce al reaccionar psíquicamente sin ser conscientes.

CLASIFICACIÓN DE LOS OBJETOS DE NUESTRA CASA

NEGATIVOS ÚTILES
Colchones con metales
Agujas y alfileres
Chinchetas
Camas y somieres
metálicos
Alimentos procesados
Plantas secas
Microondas
Silla de ruedas
Botiquín

NEGATIVOS INÚTILES
Máscaras
Cuadros con imágenes
negativas, cortadas,
borrosas, violentas y
oscuras
Animales disecados
Plantas que crecen hacia
abajo sin tronco
Calaveras y esqueletos
de estudiantes de
medicina
Láminas de estudio con
miembros cortados o
diseccionados

NEGATIVOS SAGRADOS
Crucifijos con imágenes
ensangrentadas
Santos con expresiones
de dolor
Piedras en el interior de
la casa.

NEGATIVOS MÁGICOS
Espejos usados
Máscaras y objetos
utilizados para el vudú
Imágenes de simbolismo
religioso o espiritual,
magnetizadas con
intenciones negativas
Fotos de lugares
mágicos negativos
Objetos procedentes de
personas desconocidas,
enfermas, con mala
suerte o muertas, y que
nos tienen manía.

HABITACIÓN
POR HABITACIÓN

● Debemos percibir la casa como
un cuerpo vivo completo y evitar
la disección mental de los
espacios. Romper las barreras de
las modas, todo es posible.

LA DISTRIBUCIÓN

Antes de distribuir los espacios de tu casa, piensa en las actividades que tienen lugar en cada habitación. Ten presentes el yin y el yang, los cinco elementos y las ocho direcciones a la hora de decidir qué lugar es más propicio para cada habitación. Para empezar, evalúa cómo podrías aplicar estos principios a cada espacio de tu casa. Toda actividad puede beneficiarse de la energía base de cada espacio.

Lo ideal es situar las habitaciones en la dirección más provechosa para las actividades correspondientes. Por supuesto, esta situación ideal no siempre está al alcance del propietario de la vivienda, que puede haber comprado la casa porque le gustaba el lugar o porque los precios eran más asequibles a su bolsillo y la distribución de las habitaciones ya está hecha, como sucede cuando la casa ya está construida, o vives en un lugar alquilado, en cuyo caso estas limitaciones serán mayores. Sin embargo, puedes canalizar los flujos de energía más propicios para tu situación particular, con ayuda de la técnica Feng Shui.

Por esto, es importante que tengas presentes tus objetivos, a la hora de situar cada cuarto y aprovechar sus energías favorables. No estamos obligados a seguir los patrones clásicos de la distribución, ya que podemos elegir libremente y sin condicionantes previos dónde, cómo y por qué queremos colocarnos.

*"En Oriente se considera
el corazón como el director
de la mente.
Pensar con el corazón
es la práctica
que nos llevará
a actuar
con sabiduría."*

LA FUNCIÓN DE CADA HABITACIÓN

Empezarás a percibir mejor las energías de tu hogar observando una por una las habitaciones. Es muy importante que seas consciente de dónde se encuentra el centro de tu casa. También debemos respetar el centro de cada habitación, manteniéndolo siempre libre de objetos. Algunos espacios de la casa cumplen una doble función, por ejemplo, cocina y comedor, dormitorio y estudio, comedor y salón o loft. La elección de estos espacios debería hacerse siguiendo el modelo natural de la energía o chi que habita en la casa para garantizar el éxito de las actividades correspondientes y decorarlo y amueblarlo correctamente.

Habitación

El Feng Shui aconseja que las habitaciones tengan una forma cuadrada o rectangular, ya que las de forma irregular crean espacios desequilibrados en los que se hace difícil llevar a cabo las actividades, ya que el chi se ve afectado por las formas.

La dirección de la puerta de entrada nos afecta muy directamente, así como la distribución general de toda la casa, en especial las zonas donde pasamos más tiempo, como el dormitorio, la zona donde comemos y el sofá o lugar donde descansamos. Utilizando el sistema Feng Shui podemos lograr una mejora de estas zonas, favoreciéndonos en positivo.

Cómo usar el yin y el yang

Si queremos balancear la energía de nuestro hogar, primero deberíamos ser conscientes de qué energía estamos encarando. Si no se tiene práctica en esto, podemos utilizar simplemente la lógica y el sentido común, observando qué condiciones se manifiestan en exceso. Ejemplo: demasiada luz, demasiado frío, demasiado oscuro, demasiado pequeño, demasiado lleno o demasiado vacío. Con estas observaciones, podemos manejarnos para buscar el efecto contrario. Si el espacio es muy pequeño, podemos buscar la forma de agrandarlo, con el color de las paredes, el mobiliario, la iluminación y la disposición de muebles y objetos. Este manejo del equilibrio lógico yin y yang, en principio nos va a funcionar. El norte y el sur representan los extremos del yin y el yang. El este es la dirección por donde el yin baja para convertirse en yang, y el oeste es la dirección por donde el yang sube hasta convertirse en yin, generando así un círculo interminable del movimiento de la energía, tal y como se mueve el chi en en toda la actividad de la naturaleza. Yin y yang son las dos energías opuestas y complementarias que se manifiestan continuamente en cualquier fenómeno u objeto que observemos, pero sobre todo son la fuente que alimenta constantemente nuestro cuerpo.

Cómo detectar yin y yang

Sitúate de noche a oscuras en tu hogar, solo y relajado, sin ruidos ni estímulos externos, y prepárate para detectar dónde están las zonas más yin y más yang. Sentados cómodamente en la puerta de entrada, con la espalda pegada a la puerta y vaciando la mente nos preguntamos ¿dónde me apetece tumbarme? o ¿dónde me apetece ponerme a crear y a trabajar? y esperamos que nuestro subconsciente, instinto o deseo nos responda. El espacio debe atraernos hacia sí, y la respuesta surgirá en nuestro interior. Este es un ejercicio que nos facilitará la práctica de como usar yin y yang.

Las zonas yin

Las zonas yin son aquellas donde no entra el sol, el techo es más alto y el espacio es más grande. Están más alejadas de la puerta de entrada y suelen coincidir con el norte magnético.

Las zonas yang

Son las más luminosas, las más calurosas, las más pequeñas, las más cercanas a la puerta de entrada, que es donde hay más movimiento, como en el caso de los pasillos, y suelen coincidir con el sur magnético. Al finalizar experimentaremos una percepción más clara de nuestra casa. Esta diferencia queda marcada porque no han intervenido los procesos mentales de raciocinio, sino nuestro sentir.

DISTRIBUCIÓN FENG SHUI

Si tenemos la opción de poder elegir la distribución de las habitaciones, deberíamos aplicar los principios del sistema Feng Shui mediante el asesoramiento de un experto.

Esto nos ayudaría a obtener de nuestra casa los resultados deseados y a beneficiarnos directamente, mejorando nuestra salud. Para la mayoría, esta elección no es posible, y tenemos que aceptar la distribución actual como base.

Somos conscientes de lo difícil que resulta modificarla, aunque quizás podamos trasladarnos de dormitorio o cambiar el comedor o la sala de estar.

Algunos cambios básicos siempre se pueden realizar, y en algunos casos incluso se puede llevar a cabo alguna reforma, como sacar o añadir tabiques.

Como hemos venido mostrando, hay unas direcciones que nos favorecen más que otras. Lo ideal sería poderlas elegir adecuadamente, pero no siempre y en todos los casos es posible.

También hay que recordar que el sistema Feng Shui estandarizado no garantiza resultados, ya que cada casa es un mundo y las situaciones no son iguales, y por tanto, tampoco las soluciones.

Pretender tratar el tema de forma estándar sería similar a ponerle a todo el mundo el mismo vestido. Podría existir alguien a quien le encajara, pero a la gran mayoría no le quedaría a medida, y ni siquiera les favorecería. Cuando estamos enfermos, acudimos a nuestro médico y éste tiene que hacernos una revisión para diagnosticarnos y recomendarnos un remedio. El sistema Feng Shui está basado en los principios de la medicina, y actúa de forma curativa sobre los espacios y personas. Es la medicina de la casa.

LOS CINCO ELEMENTOS EN CASA: Cada zona está regida por un elemento.

Conocerlo nos permite jugar con la energía que más nos puede beneficiar.

AGUA (N)

MADERA (E/SE)

Cada uno de los ocho puntos cardinales más el centro representa una dirección de la energía y repercute de forma concreta en nuestro entorno.

FAVORECE

El desarrollo interno,

La tranquilidad.

La espiritualidad

La vida sexual

Las muestras de cariño

La independencia

El pensamiento racional

La fertilidad

El sueño

FAVORECE

Los nuevos proyectos

La carrera profesional

Los comienzos rápidos

La actividad

El trabajo

La ambición

La concentración

La iniciativa

195

FUEGO (S)

TIERRA (SO, CENTRO, NE)

METAL (O/NO)

FAVORECE

La pasión

La expresividad

La fama

Las fiestas

Los estímulos mentales

Las ideas nuevas

La sociabilidad

La espontaneidad

FAVORECE

La estabilidad

El progreso ordenado

La seguridad

El pensamiento metódico

La armonía familiar

La nutrición

La maternidad

El hogar

La cautela

El cariño

FAVORECE

La previsión

Los ingresos

El liderazgo

La organización

La conclusión de proyectos

Los presupuestos

ELEMENTOS PROBLEMÁTICOS Y REMEDIOS

Ciertos elementos afectan negativamente la energía chi, al margen de dónde estén localizados en tu casa, pero puedes mitigar sus efectos negativos.

Esquinas agresivas invasoras sobresalientes

Especialmente si permaneces en una posición frente a ellas, una forma de mitigar su influjo es colocar un listón de madera convexo protector de la esquina de los que hay estándar en el mercado, y si lo deseas más redondeado, el carpintero te lo hará a medida.

Si la zona lo permite, puedes colocar una planta alta o una lámpara de pie con la luz hacia arriba.

Esquinas agresivas entrantes

La energía chi tiende a estancarse en las esquinas de los cuartos.

La solución puede ser a la inversa: colocar un listón de forma cóncava formando una esquina hacia dentro más redondeada. Además, puedes colocar una luz de pie y mantenerla encendida el mayor tiempo posible.

El desorden

Ralentiza el flujo de energía chi en la casa y aumenta el riesgo de que ésta se estanque.

Mantén tu casa limpia y ordenada. Guarda todo lo que puedas en armarios y cuartos de trastos, y manténlos también en orden.

La falta de luz natural

La luz es una de las vías principales por las que circula la energía chi, y su ausencia en una habitación constituye un problema importante dentro de sistema Feng Shui.

Mantén encendidas bombillas y velas durante el día, y pon plantas que necesiten poca luz como la hiedra.

suelo se encuentren, menor será su influjo. En general, no es recomendable dormir debajo de una viga.

Coloca reflectores que enfoquen el cielo raso y plantas altas y frondosas, a ser posible con hojas redondeadas.

Techos en pendiente

este tipo de techos tan propios de los países nórdicos, fríos y lluviosos, comprimen la energía chi y suelen crear un ambiente más intenso. En un lugar así es muy peligroso dormir, sobre todo en la parte más baja. Recordemos que nuestro cuerpo energético tiene tres metros de diámetro, y que deberíamos disfrutar de este espacio en todas las direcciones. Si la distancia es de un metro, nuestro cuerpo siente la opresión del techo y podemos sufrir fuertes migrañas. Este efecto aumenta si se trata de techos bajos.

Trata de evitar que la energía se concentre debajo de la inclinación. Coloca reflectores enfocando el techo, para crear la ilusión de que es más alto y contribuir a que la energía circule hacia arriba.

En cualquier caso, si la energía chi de una habitación no es la más adecuada para las actividades que se realizan allí, no es necesario embarcarse en soluciones radicales o drásticas, pues existen algunos remedios mucho más sencillos.

Vigas

La mayoría de las vigas están hechas de madera, hormigón o acero. Bien sea que estén a la vista, o escondidas tras el cielo raso, afectan negativamente el flujo de energía chi. Las más perjudiciales son las de acero que aguantan el peso de varias plantas, puesto que distorsionan el flujo global de la energía chi. Por este motivo, las personas que viven debajo de ellas suelen sentirse oprimidas por su peso. La altura de las vigas es también un factor relevante: cuanto más alejadas del

SALA DE ESTAR-COMEDOR

La sala de estar es el punto donde tienen lugar las reuniones y la vida familiar. Es allí donde recibes a tus huéspedes, organizas tus fiestas y celebras las grandes ocasiones. También puedes relajarte y descansar allí después de un día de trabajo, leer un libro, ver la televisión o escuchar música. Por lo general, el cuarto de estar es el más grande de la casa. También, en algunos casos, en este lugar se suele trabajar, encima de la mesa grande de comer, y además, los niños suelen hacer los deberes. Si es demasiado reducido, trata de ampliarlo hacia los cuartos adyacentes. Los elementos más importantes para la sala de estar y el comedor son la mesa grande para comer y trabajar, las sillas, los sofás y sillones, la televisión y el mueble donde se guarda la vajilla, libros y objetos decorativos.

Su distribución en el espacio determina el ambiente de toda la habitación.

En los pisos pequeños, el cuarto de estar y el comedor suelen combinarse por motivos prácticos. Las visitas y las comidas son funciones compatibles, y un solo ambiente puede hospedar unas y otras. En ocasiones, el salón comedor incluye también la cocina. La principal desventaja de esta disposición es que la cocina debe estar limpia y ordenada en todo momento. En caso contrario, afectará negativamente. En este lugar es donde se muestran los objetos más valiosos: cuadros, esculturas, libros, música...

● La televisión debe estar en el peor lugar

Dos razones nos aconsejan colocar la televisión en el peor sitio:

● Nuestro cuerpo es prioritario a cualquier otro objeto de la casa, y para descansar y comer es preciso localizar la mejor posición, favoreciendo así la salud y el bienestar.

● Las peores zonas desde el punto de vista Feng Shui son aquellas en que hay menos luz, y sobre todo aquellas que son de paso, zonas enfrentadas entre dos puertas, que forman un pasillo energético, o esquinas agresoras, irregulares. Estas zonas se ven beneficiadas y compensadas, y mejoran ostensiblemente al colocar la televisión.

Si al colocar la televisión en una de las zonas prescritas, no la vemos correctamente, la pondremos en un carrito móvil que nos facilite su visualización desde cualquier dirección.

199

En la actualidad se tiende a desplazar el protagonismo del sofá
en favor del televisor, que acapara toda la atención y obstruye
la comunicación entre los miembros de la familia.
El mejor lugar de este espacio debería estar ocupado por el
sofá, y el peor sitio reservarlo para colocar la televisión.

● El cuarto de estar: objetos básicos útiles

● **SILLAS Y SILLONES.** Preferibles de madera, acolchados con telas de fibras naturales o con cojines del mismo estilo. Es muy adecuado el mimbre y el bambú, con cojines de plumas, algodón, lana y látex.

● **LA ILUMINACIÓN.** Las lámparas de pie que iluminan hacia arriba, con el interruptor regulable y las fuentes de luz vertical refuerzan la energía de la madera, potenciando una atmósfera animada.

● **LAS PLANTAS.** Purifican el ambiente y nos transmiten sensaciones de paz y naturaleza. Usar plantas frondosas con el tronco fuerte y las hojas redondas.

● **LA TELEVISIÓN** y los equipos electrónicos nos afectan negativamente. Colocarlos lo más lejos posible de los sofás, sillones y camas, y desenchufar cuando acaben de usarse.

● **PAREDES Y SUELOS.** La madera o el parquet, la cerámica, la tierra cocida, las moquetas de lana, el sisal y las grandes alfombras son los tipos de suelo más energéticos y saludables. Los colores claros iluminan el espacio y los oscuros restan y absorben luz y amplitud en las paredes.

● **LAS VENTANAS.** La madera es la más adecuada, aunque actualmente se utiliza mucho el aluminio, el plástico y el acero inoxidable, que tienen una influencia menos positiva, pero si no tenemos que instalarnos en su cercanía, no son demasiado perjudiciales. Las cortinas de fibras naturales, algodón, hilo, lana, seda y colores pastel dan un toque de calidez al salón y armonizan con el resto del mobiliario.

● **CUADROS.** Sólo los símbolos positivos y benéficos para nosotros de realidades concretas. Evitar las formas irregulares de contenidos dudosos que no podemos determinar qué expresan y los colores agresivos e impactantes que requieren constantemente de nuestra atención, agotan nuestra energía y le transmiten a nuestro subconsciente un mensaje incorrecto. Es mejor poner fotografías de naturaleza armónica contrarrestadora o potenciadora del área en que nos hallamos: agua en la zona de madera, madera en la zona del fuego, fuego en la zona de tierra, tierra en la zona de metal y metal en la zona de agua. Los símbolos abstractos que coloquemos deben tener un sentido concreto para nosotros. Todos los motivos tratados en los cuadros deben reflejar nuestros objetivos o nuestros gustos artísticos o nuestros códigos morales o espirituales.

● **EL SOFÁ.** Es la pieza clave de una sala de estar. Siempre pensando en el descanso del cuerpo, elegiremos el sofá con estructura de madera si es posible, cojines de pluma, algodón, lana o látex. A veces, este

sofá puede servir de cama para invitados, y su colocación estará siempre en el mejor punto de la sala, según el Feng Shui. Este lugar a veces está ocupado por un mueble o librería que cubre toda la pared. hay que desplazarlo para colocar el sofá con el respaldo contra la pared, procurando que desde él se vean todo el salón y la puerta.

No hay que colocar el sofá en medio de la habitación con la espalda hacia la puerta. Colocarlo en la línea entre la puerta y la ventana.

● **LA MESA.** Puede ser mesa de centro, que acompaña al sofá. Es mejor colocarla hacia un lado, para

que la energía fluya por el centro, sin obstáculos. En este espacio, definido con una alfombra, a veces, los niños juegan muy a gusto. Otro tipo de mesa que solemos tener en la sala de estar si hay espacio, es una mesa grande, tipo comedor. Esta mesa debería ser sólida, de una sola pieza y en madera clara, rectangular o cuadrada. Sobre esta mesa podemos efectuar todo tipo de actividades: trabajar, comer, leer, estudiar los niños y reunirnos con toda la familia. Evitar mesas de cristal o metálicas, colocación enfrente de la puerta o en el área entre la puerta y la ventana. También la colocación de sillas de respaldo muy alto y de materiales sintéticos de colores fríos.

EL COMEDOR

En el mundo de hoy, la hora de la cena a menudo es el único momento del día en el que la familia está reunida. Por más pequeña que sea tu casa, reserva un área especial para que podáis sentaros y comer juntos.

Este espacio debería estar regido por las estrellas que favorecen la salud, 1, 6 y 8, y evitar las que promueven la enfermedad, 5, 2 y 9, pero si no podemos determinarlo con precisión, debemos observar qué sucede en la mesa a la hora de la comida, ¿estamos relajados y a gusto?, ¿nos sienta bien la comida?, ¿hay discusiones o estamos tensos?, ¿cuándo invitamos a alguien acabamos enfadándonos y discutiendo? Si nos sucede esto último, cambiemos la mesa de sitio y coloquémosla en un lugar que nos produzca más relax.

Los elementos decorativos

Deben ayudar a crear un ambiente más acogedor y confortable. Decorar no es sinónimo de recargar o abigarrar, sino de embellecer. No compréis objetos sólo por verlos en el escaparate o porque está de moda y otros también los tienen. Preguntémonos siempre sobre su utilidad y observemos la sensación que experimenta nuestro cuerpo al utilizarlos. Algunos objetos útiles se hallan en el mercado en gran variedad de formas y texturas, y podemos elegir los más agradables y cálidos, que pesan menos...

"El espacio vacío
permite acumular
la energía positiva
y ayuda a nuestro cuerpo
a asimilarse
y a nutrirse de ella
con más facilidad.
El exceso de objetos
y muebles invade nuestro
espacio y nos hace sentir
oprimidos y contraídos y
nos produce estrés."

● **No compres sin necesidad.** Los cascanueces son un ejemplo perfecto. Y hay que tener cuidado al regalar elementos de este calibre. Los hay muy aparatosos, como los martillos que se utilizan golpeando la nuez sobre una madera, generando una situación embarazosa y molesta. Quizás los más interesantes sean unos de madera en cuyo interior se coloca la nuez que se rompe mediante un pequeño torno. En la misma línea están los sacacorchos, de los que se han puesto de moda algunos muy complicados de utilizar.

● **Selecciona cuidadosamente.** Todos los objetos útiles del comedor deberían haber sido seleccionados cuidadosamente, teniendo en cuenta siempre las sensaciones que experimenta el cuerpo.

● **La iluminación debe ser variada.** Las luces bajas favorecen las cenas románticas, pero en otros momentos es más aconsejable la luz de bombilla que imita la luz natural. Los interruptores graduables permiten ambas opciones. Las velas añaden energía del fuego, y contribuyen a crear una atmósfera más cálida y animada.

● **Usa suelos de madera natural.** Son fáciles de limpiar y transmiten a nuestro cuerpo una estimulante sensación de bienestar y relax. Y nos permiten caminar descalzos por la casa.

Colores y diseños

Los colores siempre deben seguir los mismos criterios, cálidos, suaves, luminosos, evitando los colores excesivamente fríos yin y los excesivamente yang excitantes y hiperestimulantes.

La mesa del comedor

Las mesas redondas u ovaladas ofrecen más alternativas para distribuir las sillas, de modo que los comensales puedan sentarse en armonía. En las cuadradas y las rectangulares, las actividades estimulan mucho más la energía relacionada con el trabajo y la materialización de proyectos. Las redondas y ovaladas estimulan las relaciones y la comunicación entre las personas, además de la creatividad artística.

Si sientas más de dos personas a una mesa alargada y a cada lado, se producirá un distanciamiento y frialdad, obstaculizándose la comunicación.

La superficie de la mesa tiene que ser mate, de colores claros, aunque no excesivamente ni demasiado oscura. No deben ser blancas, plateadas, de vidrio o mármol, negras, marrón oscuro o grises porque producen una sensación de rechazo y no nos atrae apoyarnos en ellas. Deben ser fáciles de limpiar.

Las maderas naturales son bastante resistentes, y fáciles de conservar. Las maderas claras como el pino y el olmo, que son más yin, son las mejores para las comidas en familia. Las

● Decoración

Los elementos decorativos deben ayudar a mantener la armonía y el confort en la casa. Debemos rodearnos de objetos de gran belleza, que nos aporten sensaciones placenteras, que nos traigan recuerdos agradables, aunque sean de personas que ya no estén con nosotros, y deberíamos deshacernos de aquellos objetos que nos traen malos recuerdos.

A veces, los objetos compartidos con anteriores parejas que no guardan una buena relación pueden afectarnos negativamente, pero sobre todo afectan a la pareja posterior.

Es importante que nos cuestionemos si deseamos cambiar objetos que se hayan compartido con una pareja anterior cuando se inicia una relación nueva, por los recuerdos no deseados que podamos tener, como la cama o la cómoda.

Los objetos Feng Shui para la decoración deben crear un ambiente despejado, cálido, sencillo y natural. Si nos gustan los ambientes lujosos, con objetos de gran valor y elegancia, también es perfecto, pero sobre todo no hay que sobrecargar el ambiente y mezclarlos con objetos más austeros y naturales.

maderas oscuras, duras y pulidas, como el roble, la caoba o la teca son más yang y más apropiadas para las ocasiones formales. Para suavizar la energía también puedes recurrir a los manteles de tejidos naturales.

Los manteles, los platos y otros accesorios pueden determinar al ambiente alrededor de la mesa. Los pequeños detalles, como el color de las servilletas, la forma de los individuales o la presencia de ciertas plantas, ejercen efectos sutiles que enriquecen la atmósfera general de la habitación.

Si nos sentimos incómodos, debemos averiguar cuál es la causa: el color, la luz pobre, fría, los tejidos sintéticos y oscuros, los muebles con patas de metal, las mesas de cristal, las sillas de plástico... Ante estos objetos, nuestro cuerpo experimenta un rechazo constante, aunque nuestra mente no se dé cuenta de ello.

Lo más importante es sentirnos a gusto con el ambiente que nos rodea, experimentando en todo momento sensación de bienestar.

EL DORMITORIO

De las 24 horas del día, casi todos pasamos entre seis y nueve en la cama. La ubicación y el diseño del dormitorio y la orientación de la cama ofrecen una estupenda oportunidad de alinearnos con el flujo natural de la energía chi, de manera que éste beneficie otras áreas de nuestra vida.

Puesto que dormir bien resulta esencial para la buena salud, el ambiente del dormitorio debe ser propicio. También debe ser un lugar en el que te sientas renovado y optimista al despertar, así como lleno de vitalidad y de deseos de sacarle partido a un nuevo día.

El dormitorio de matrimonio o de pareja también desempeña un papel muy significativo en las relaciones amorosas, pues es allí donde tienen lugar el sexo y la intimidad. Si tienes una familia numerosa, probablemente sea el único lugar de la casa donde experimentes la total intimidad.

Un ambiente propicio

A la hora de crear un ambiente propicio para dormir es conveniente no tener aparatos eléctricos en la habitación, como televisores, radios, despertadores, teléfonos o luces impactantes. Tampoco demasiados muebles ni espejos, ya que todo esto puede afectar a la salud y es recomendable colocarlo fuera del dormitorio.

"El dormitorio
es el lugar
de máxima intimidad.
Tiene que ayudarnos
o proporcionarnos
la relajación total
para relacionarnos
con nosotros mismos
o con nuestra pareja."

El dormitorio: elementos esenciales

● **LAS PLANTAS** Aunque suele decirse que en las habitaciones no debe haber plantas, no importa que haya algunas, a ser preferible que tengan las hojas redondeadas y ante todo, que sean de nuestro agrado.

● **LA ILUMINACIÓN.** Las luces deben ser suaves, indirectas, que inviten al reposo y a la intimidad. Unas velas pueden añadir un toque romántico más natural.

● **LOS MUEBLES.** Deben tener bordes redondeados. Si tienen esquinas, evita que apunten hacia la cama. Deben ser de madera clara y suave, colores pastel, asalmonados, crema, marfil y rosa luminoso.

● **LA CAMA.** Las camas de madera ejercen un efecto neutral en la energía. Los cabezales protegen del exceso de energía, y para esto es conveniente que estén separados de la pared, dejando un espacio para que aquella circule.

● **LOS SUELOS.** De materiales suaves y naturales que favorecen el descanso y la renovación de nuestra energía. Si los suelos son fríos, como el mármol, podemos cubrirlos con alfombras de lana de colores pálidos.

● **LA ROPA DE CAMA.** Usa sábanas y fundas de algodón, lino o seda para crear un flujo armonioso de energía alrededor de tu cuerpo. Evitar estampados cargados y con colores fuertes, oscuros y fríos.

● **LAS VENTANAS.** Las cortinas de fibras naturales y colores suaves y cálidos con estampados armoniosos ayudan a crear un ambiente más propicio para relajarse.

OS ARMARIOS. Los armarios han de ser amplios, de colores s, con puertas correderas y a ser posible empotrados, con eñas aberturas en las puertas para generar ventilación y que la enetre en su interior. Si hay espejos, deben estar colocados en erior de las puertas del armario, para no distorsionar la energía habitación.

Los campos electromagnéticos que generan todos estos aparatos actúan sobre el sistema nervioso mientras dormimos, momento en que está más desprotegido, sobrecargándolo de estrés.

Las relaciones de pareja que suelen producirse en esta área también se ven afectadas por el estrés. Es muy importante crear un ambiente relajante y confortable para propiciar la receptividad, que se puede potenciar al máximo colocando cojines y almohadas en tonos pastel, muy blanditos, con bordados y estampados románticos, que potencian la armonía, la belleza y el amor.

Direcciones favorables

En ocasiones, la localización de la cama o su orientación dificultan la vida de las personas más allá del sueño o la intimidad. Si tienes varios cuartos a tu disposición, elige el que tenga el ambiente más sereno. La orientación ideal de tu cama estará relacionada con tus metas y tus propósitos. En principio, es conveniente que el cuarto esté expuesto a la luz del sol al amanecer, para que éste potencie tus energías todas las mañanas.

Las direcciones más aconsejables para el dormitorio de un adulto o una persona mayor son el norte y el este. El norte alberga una energía más estática y apacible, y puede ser adecuado si tienes dificultades para dormir. Esta energía puede relajarnos en exceso y no conseguimos activar nuestros proyectos. Esto debemos valorarlo nosotros mismos. En un determinado momento, puede interesarnos cualquiera de las otras direcciones si el espacio nos lo permite. Podemos experimentarlas temporalmente y después valorar cómo nos afectan, pero siempre tengamos en cuenta que las direcciones energéticas de la habitación son más importantes que las magnéticas.

Lo que debes evitar

● Las esquinas pronunciadas

Dado el tiempo que pasas en tu dormitorio, es especialmente importante evitar las esquinas que enfocan directamente a la cama, ya sean de armarios, vigas o cómodas.

● Los espejos

Los espejos captan y reflejan la imagen de tu cuerpo energético y éste se impresiona con mucha facilidad, transmitiendo unas descargas energéticas en forma de estrés al cuerpo físico. El espejo en la habitación puede producir situaciones de susto o impacto cuando nuestro cuerpo energético se desplaza durante el sueño fuera del lugar, y causar en nuestro subconsciente estados de ansiedad.

● Los aparatos electrónicos

Como ya hemos mencionado, es mejor que en el dormitorio no haya ordenadores, televisores, teléfonos, despertadores y móviles. Pero si a pesar de todo tenemos uno de estos aparatos, no importa; basta con desenchufarlos o desconectar todo el área desde el automático para que deje de perjudicarnos.

● El cuarto de baño anexo

Los cuartos de baño estilo suite pueden llenar tu dormitorio de humedad y malos olores, despojándolo de otras energías más saludables. Mantén la puerta del cuarto de baño cerrada.

● Los libros

Las estanterías con libros no deberían estar en el dormitorio, ya que mientras dormimos somos muy receptivos y sensibles, y su contenido nos afecta de forma notable, generando mucha actividad mental y estrés.

El cabezal de la cama

La decoración del cabezal de la cama debe ser suave y relajante, con motivos oníricos y sensuales. Los temas pueden ser muy variados, pero siempre tratados con suavidad y dulzura. Pueden ser estampados en tejidos naturales, pinturas en madera, tejidos en mimbres, bambúes, etcétera, o simplemente conservando los tonos naturales.

Los colores muy suaves, pastel y cálidos son los que producen un efecto relajante en nuestro cuerpo. Si no queremos colocar cabezal, un simple tejido de seda, lana, lino, algodón, etcétera, puede hacer sus funciones. También podemos colocar simplemente unos cojines altos, a modo de cabezal. Otra alternativa es hacer una pintura en forma de arco en la pared y decorarlo a modo de cabezal. Hay que evitar los cabezales de hierro, de pladur, cristal, metacrilato, mármol o plástico.

Las mesitas

Su función es apoyar algún objeto pequeño que en un momento dado vayamos a necesitar.

La mesita ideal es redonda, de madera, clara y puede tener una sola pata, gruesa y torneada.

Hay que evitar colocar objetos demasiado grandes y pesados o guardar en los cajones objetos metálicos y electrónicos.

Es mejor no usar mesitas con cajones o procurar al menos que éstos tengan aberturas.

"El uso de las plantas medicinales en el interior de las almohadas es muy antiguo. El cojín de adormidera para los bebés es clásico. Los sonajeros se construían con cápsulas de adormidera"

Almohadas de lavanda

Seguiremos las mismas indicaciones que para los colchones, es decir, lana, algodón, miraguano, pluma, etc., pero podemos incorporar algunas plantas medicinales que nos resulten beneficiosas; por ejemplo, si padecemos insomnio, podemos poner granos de amapola en su interior.

La almohada puede rellenarse completamente de alguna planta medicinal, como la lavanda, la más beneficiosa y agradable por su olor, que respiraremos mientras dormimos, acercándonos a la naturaleza y relajándonos. Esta planta ha sido utilizada desde la antigüedad para colocarla en los armarios y como adorno y ambientador natural.

LA CAMA

La madera es el material más indicado para la base de la cama. A diferencia del metal, no altera el campo magnético y afecta más sutilmente la circulación de la energía chi. Por contra, las bases de latón, hierro y otros metales alteran la energía de nuestro cuerpo, lo cual no suele ser muy propicio para un buen reposo. Las camas de agua tampoco son recomendables, pues producen un ambiente húmedo y pesado que suele conducir a enfermarnos.

El espacio bajo la cama debe permanecer vacío, para evitar que la energía chi se estanque allí mientras duermes. Si tienes que guardar cosas, sácalas periódicamente para limpiar. El Feng Shui presta una atención especial a la cama, ya que si permanecemos muchas horas bajo el influjo de una determinada dirección y no es favorable, padeceremos confusión mental y una salud débil. Para disfrutar de los beneficios del chi y gozar de un sueño revitalizador y tranquilo, lo ideal es que el cabezal esté orientado hacia su dirección personal más favorable según el número natal. A ser posible, la cama debe situarse en diagonal a la puerta de acceso al dormitorio, en el extremo opuesto. Así podremos ver la puerta sin recibir de lleno el impacto de la corriente del chi que entra. Una cama nunca se debería colocar debajo de una viga. Si no se puede evitar, es mejor que esté a lo largo de la cama que a lo

ancho. Si por falta de espacio queda a lo ancho, procura que ninguna esté justo encima de la cabeza. Es posible cubrir las vigas con una tela o sábana cruda lo más neutra posible, generando la sensación a la vista de techo liso. Más que en ningún otro sitio hay que evitar las flechas secretas que emanen de las aristas de los pilares o de las vigas, de esquinas salientes o incluso de las que penetran por la ventana.

Las camas con dosel son especialmente positivas y actualmente vuelven a ponerse de moda. En ellas podemos experimentar la sensación de recogimiento e intimidad totales, y además orientarnos en la dirección más propicia, porque es como una habitación dentro de otra habitación.

Materiales y colores de la cama

El colchón que utilicemos debe ser de fibras naturales. La lana, el algodón, la pluma, la paja o el pelo animal (crin de caballo) y el látex son preferibles a la goma espuma y otras fibras sintéticas, que albergan energía estática y pueden agotar tu energía física y mental. Los colchones con resortes de metal, por su parte, afectan el campo magnético y hacen que el flujo de la energía chi se torne caótico.

Las bases de madera que empleamos los occidentales permite alejarlos del suelo y ventilarlos mejor.

La ropa de cama debe ser de fibras naturales pues aquellas están en contacto con tu cuerpo. Las sábanas, fundas y mantas deben ser de algodón, lino, seda o lana virgen. Los edredones, por su parte, deben estar rellenos de pluma natural o de algodón. Evita las fibras sintéticas. Los colores de tu ropa de cama deben estar en armonía con el resto de la habitación y, en general, con el resto de la casa. Los criterios que hemos venido utilizando son colores pastel y cálidos: marfil, crema, salmón, ocres, naranjas y verdes para combinar.

EL COLCHÓN

La lana

En su sabiduría, la naturaleza ha diseñado el sistema perfecto para aislar los campos electromagnéticos, las geopatías y otros tipos de radiación, por ejemplo, las ovejas fueron el único animal no afectado por la radiactividad en Chernobil.

La lana es, por tanto, el material por excelencia para los colchones, del cual nuestros antepasados conocían sus ventajas.

● Los materiales de origen animal para colchones son de procedencia de animales vivos, a los que periódicamente se corta el pelo o la lana, sin causarles daño alguno. Utilizar este recurso de la naturaleza es una sabia manera de aprovecharla.

● El inconveniente es que hay que airear los colchones constantemente, pues aunque rechazan las radiaciones, acumulan mucha energía y conviene deshacerlo cada año, como se hacía antiguamente, varear la lana y rehacer el colchón.

● Si no nos resulta lo bastante cómodo, podemos reservarlo como primer colchón y añadir encima uno de látex. De esta forma conseguimos los beneficios aislantes y térmicos de la lana y tenemos la comodidad y adaptabilidad del látex.

● Si tenemos dificultades para encontrar colchones de lana, podemos recuperar los que la gente haya desechado para nuestro uso, aun-que es importante rehacerlo de la manera antes explicada, a ser posible de manos de un colchonero experimentado.

● Si solamente tuviéramos un colchón de lana y tuviéramos que beneficiar a toda la familia, podemos hacer varios colchones o colchonetas de unos pocos centímetros de grosor, suficientes para cada cama.

El látex

Debe ser del cien por cien. Es la textura más cómoda y adaptable a las formas del cuerpo, aunque siempre lleva un componente de fibras naturales: algodón, crin de caballo o esparto.

Fibras vegetales

Paja, esparto, cáñamo, plantas medicinales y todo tipo de fibras naturales adecuadas tienen un efecto positivo para el cuerpo. También podemos colocarlas debajo de otro colchón.

La crin de caballo

Es un material que permite la ventilación del colchón sin acumular humedad. En el mercado podemos encontrar algunos colchones de látex que llevan una capa o dos capas de crin de caballo alternando con el látex.

La pluma de ave

Es el material más cómodo, pero su coste es muy elevado. Podemos conformarnos con unos cojines gigantes y colocarlos en una tumbona, en una *chaise longue* o en una cama individual para hacer la siesta. La pluma de pato es la más adecuada, al ser impermeable.

El algodón o futón

Goza de unas particularidades similares a la lana, aunque es menos aislante. Podríamos aplicar los mismos procesos que en el caso de la lana, aunque en el mercado tenemos futones preparados directamente para dormir encima. Si nos parece duro, pues el algodón se apelmaza más que la lana, podemos añadir también un colchón de látex encima.

Evitar los muelles

El colchón de muelles ante todo es el más perjudicial para la salud. El contacto de los metales con el cuerpo físico y energético provoca serias alteraciones en algunas zonas.

Los problemas más comunes cuando se usa un colchón de muelles son los de artrosis y dolores de huesos, porque enfrían excesivamente el cuerpo, y la amortiguación es muy rígida y dura para los huesos, de ahí que haya que evitar el metal en camas, somieres y cabezales. Sustituye los somieres de hierro por otros de listones de madera.

Los metales perjudican

Los metales, materiales muy fríos, absorben el calor de nuestro cuerpo y lo enfrían, llegando a penetrar en el interior de los huesos.

Otra causa es que los metales, en contacto con el campo eléctrico que irradia de los enchufes, actúan como conductores de la electricidad y la aumentan en perjuicio de nuestro sistema nervioso, que se carga de electricidad y nos provoca estrés.

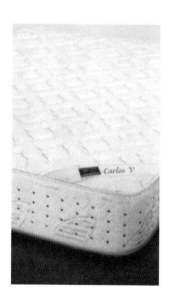

215

"Los colchones de agua son muy perjudiciales, pues el líquido elemento es muy conductor. Basta con una corriente subterránea para alterar la salud."

CÓMO ORIENTAR LA CAMA. La ubicación del dormitorio quizá sea difícil de cambiar, pero la orientación de la cama suele ser más fácil. La posición en la que duermes puede afectar no sólo tus horas de descanso, sino tu vida en general. Trata de alinear la cama con un eje que pase por el centro de tu hogar, para que tu cabeza apunte hacia una dirección favorable.

N	AGUA CON LA CABEZA ORIENTADA HACIA EL NORTE-NEGRO TORTUGA	**REPRESENTA:** La quietud del norte evita el insomnio, pero puede acabar apaciguando demasiado el resto de tu vida. También representa misterio, invierno, ritual, nutrición, y bondad.
NE	CON LA CABEZA ORIENTADA HACIA EL NORDESTE	**REPRESENTA:** El nordeste, el cual es demasiado enérgico y tajante para conciliar el sueño. Es muy posible que te sientas nervioso y tengas pesadillas violentas.
E	TRUENO CON LA CABEZA ORIENTADA HACIA EL ESTE DRAGÓN VERDE	**REPRESENTA:** El desempeño profesional, la ambición y la realización de sueños. Es ideal si buscas crecimiento y actividad. También protección, cultura, sabiduría, bondad y saber. Ideal para jóvenes.
SE	CON LA CABEZA ORIENTADA HACIA EL SURESTE	**REPRESENTA:** Si duermes en esta posición, tu creatividad aumentará y podrás comunicar mejor tus ideas. El sudeste estimula también el crecimiento y la actividad, pero de forma más sutil que el este.

LA ORIENTACIÓN MAGNÉTICA DE LA CAMA. Algunas veces, no nos es posible orientar nuestra cama en la dirección elegida que más nos convenga, porque el espacio reducido de que disponemos no nos lo permite y nos obliga a mantener la cama siempre en la misma orientación. Podemos solucionar este problema creando otro punto para dormir en la casa que nos resulte más favorable. Por ejemplo, un sofá cama en la sala de estar, que nos permitirá dormir algunos días en la orientación deseada.

S	**FUEGO** **CON LA CABEZA ORIENTADA** **HACIA EL SUR** **AVE FÉNIX**	**REPRESENTA:** Suerte, fama, fortuna, felicidad, verano, luz alegría y esperanza. La naturaleza intensa y fogosa del sur no es adecuada para dormir bien. Puede dar lugar a largas discusiones con tu pareja, e incluso a la separación.
SO	**CON LA CABEZA ORIENTADA** **HACIA EL SUROESTE**	**REPRESENTA:** El suroeste sedentario promueve las relaciones sosegadas, pero quizá te haga demasiado cauteloso. Este eje, nordeste/suroeste, puede hundir tu vida en la inestabilidad.
O	**METAL** **CON LA CABEZA ORIENTADA** **HACIA EL OESTE** **TIGRE BLANCO**	**REPRESENTA:** Guerra, fuerza, ira, lo imprevisto, violencia y potencial. El reposo y la satisfacción se reúnen en esta posición, que incluso puede depararte mejores ingresos y suerte en el amor. Elige esta posición si ya has consolidado tu carrera profesional.
NO	**CON LA CABEZA ORIENTADA** **HACIA EL NOROESTE**	**REPRESENTA:** Está asociado con el liderazgo y el dominio de las cosas, y el sueño suele ser allí más largo y profundo.

EL CUARTO DE LOS NIÑOS

El cuarto de los niños suele ser a la vez dormitorio y cuarto de juegos. El desafío, pues, consiste en que sea entretenido durante el día y apacible durante la noche. Busca equilibrar ambas prioridades. Para muchos padres, lo ideal es un dormitorio en el que los niños duerman profundamente toda la noche. Sin embargo, la energía chi también y siempre debe responder a las necesidades de los niños, que están creciendo y necesitan estímulo y actividad.

El dormitorio puede convertirse en un escenario de peleas si lo comparten dos o más niños. Coloca todas las camas en la misma dirección, y sus relaciones serán un poco más armoniosas. Si tu propia relación con uno de tus hijos atraviesa por un período de tensión, alinea tu cama con la suya durante un tiempo o hasta que los problemas se hayan aligerado.

Si tus hijos comparten habitación, asegúrate de que cada uno tenga su propio espacio.

Direcciones favorables

En principio, el cuarto de los niños debe estar en contacto con la energía del amanecer. El sudeste y el este son las direcciones más propicias, pero también es favorable el oeste, que recibe el sol del atardecer, sobre todo en caso de niños con tendencia a la hiperactividad. El este alberga el ímpetu de la energía juvenil,

Algunos niños tienen miedo por la noche y necesitan la protección de un símbolo que sea real para ellos, como la imagen de una mascota.

"*Dejad que los niños elijan la posición de la cama antes de colocar otros muebles. Ellos perciben fácilmente la energía y eligen enseguida dónde les conviene dormir.*"

*"Evita los muebles
pesados en el cuarto
de los niños.
Éstos, es obvio,
necesitan mucho espacio.
Los muebles aparatosos,
antiguos,
de grandes cajones
y apariencia descomunal
son también molestos
y pueden hacerles
sentir prisioneros
en la habitación."*

asociada al crecimiento y al desarrollo. La energía chi es allí activa y estimulante, está signada por el sol naciente y simboliza el futuro. En el este comienza el nuevo día, y tus hijos están comenzando una nueva vida. Sin embargo, es posible que tengan dificultades para dormir, a causa del exceso de actividad del chi.

El sudeste promueve también el crecimiento y la actividad. Sin embargo, la energía chi es allí más moderada que en el este, y puede contribuir a que tus hijos crezcan en mayor armonía. También representa una ubicación más sosegada para dormir.

En el oeste, la energía chi está más asentada y permite dormir mejor. Esta dirección está asociada también con el juego, aunque no entraña los beneficios de los anteriores, en términos del crecimiento y el desarrollo armonioso del niño.

Qué debes evitar

● **Las puertas abiertas.** Durante la noche mantén cerrada la puerta de la habitación, y también cierra las cortinas. La energía chi empezará a fluir más despacio y los niños se dormirán más pronto.

● **La cabecera bajo la ventana.** La cabecera de la cama de tus hijos debe estar lejos de la ventana, pues puede perturbar su sueño.

● **Las estanterías clavadas en la pared** no son adecuadas; primero, porque no conviene clavar nada en las paredes (la piel de la habitación debe ser respetada) y segundo porque tienen un impacto amenazante sobre la cabeza de los niños cuando están durmiendo, y generan miedo e inseguridad en su subconsciente.

● **Los equipos eléctricos.** Para evitar radiaciones eléctricas innecesarias, no coloques televisiones, juegos de vídeo u ordenadores en el cuarto de tus hijos.

● **El desorden.** Los juguetes y los juegos suelen apoderarse rápidamente del cuarto de los niños, y el desorden puede llevar a la confusión y la frustración. Anímalos a que ordenen su cuarto.

Elementos esenciales

● **CAJONES.** Un buen número de cajones permitirá mantener el cuarto despejado. Colócalos al alcance de tus hijos para que puedan guardar sus juguetes.

● **LOS MUEBLES.** Las banquetas y las mesas redondeadas evitan el chi cortante, y los colores brillantes resultan estimulantes.

● **LOS SUELOS.** Los suelos de madera natural refuerzan la energía de la madera, evitan que el chi se estanque y son fáciles de limpiar.

● **LA ILUMINACIÓN.** Las luces de pared que se reflejan en el techo refuerzan la energía de la madera. También son preferibles a las lámparas, pues carecen de cables que se arrastren por el suelo.

● **LAS CAMAS.** Los acolchados y las almohadas mullidas hacen que las camas sean agradables y acogedoras. El color azul está en armonía con la energía del oeste. Si tienes un bebé con dificultades para dormir, coloca la cuna de modo que su cabeza apunte hacia el norte.

● **LAS VENTANAS.** Las persianas de tela ralentizan el chi que fluye a través de la ventana por las noches, pero no contribuyen a que se estanque.

● **LAS PAREDES.** Los matices más claros del azul transmiten armonía y tranquilidad. Las estrellitas añaden energía del fuego.

● **MÓVIL.** Los delicados movimientos de un móvil sirven para estimular a los niños pequeños, o bien para relajarlos. Coloca un móvil metálico y más yang en el oeste de la habitación y potencia su efecto pintándolo de colores primarios. Un móvil de tela en colores pasteles, por otra parte, será más Yin y más tranquilizador.

● **JUGUETES.** La madera es un material ideal para los juguetes. Es un material fuerte y resistente, aparte de natural, y resulta a la vez cálido y agradable al tacto.

● **CUADROS.** Los cuadros de tela ralentizan el chi, y tienen la ventaja de no ser reflectantes. Elige imágenes positivas que se adapten a los gustos de tus niños.

Imágenes y símbolos protectores para niños

En la habitación de los niños es recomendable colocar algún símbolo protector. Éstos deberían ser comprensibles para ellos. Los ángeles de la guarda son los más adecuados. Otros símbolos muy adecuados son los naturales, que parten de animales reales y fáciles de imaginar. Perros, caballos, osos, incluso el gato, son para ellos fuente de inspiración, de amor y protección. Estos símbolos son mucho más valiosos si corresponden con sus animales domésticos, por ejemplo, su perro o gato, el caballo del abuelo, etc.

También pueden servir representaciones de una casa o mansión, la finca de la familia, imágenes de hadas, gnomos, sirenas y espíritus de la naturaleza, e incluso, en el caso de los niños educados religiosamente, puede ser útil colocar alguna imagen de la virgen o de un santo favorecedor de la familia o relacionado con su nombre.

EL SENTIDO DE LOS SÍMBOLOS

El ángel de la guarda representa la energía protectora que todos tenemos y que es más activa en la infancia.

La Virgen María representa la madre tierra, nuestro origen, heredada de la diosa Isis egipcia y de la Deméter griega.

El santo patrón es la energía a la cual pertenece nuestro nombre, que es nuestro mantra particular y nuestro número cabalístico.

ESPÍRITUS DE LA NATURALEZA

Hadas, gnomos, sílfides, sirenas, u ondinas son los espíritus de la naturaleza que representan a los elementos: el fuego, el agua, la tierra y el aire. Las hadas moran en la superficie de la tierra

con cuerpo etéreo; después, son espíritus aéreos en el reino de los devas o de los ángeles.

Las estrellas fosforescentes adheridas al techo pintado azul cielo que se iluminan por la noche ayudan al niño a despertar su imaginación.

Un cuarto bien iluminado y de colores claros es ideal para generar un ambiente positivo.

LA COCINA

En el lejano Oriente, la comida tiene especial relevancia dentro de la medicina. Los médicos orientales consideran, en efecto, que una dieta equilibrada es la clave de la buena salud y la longevidad. El yin y el yang y los cinco elementos están tan presentes en la comida como en las edificaciones, y los médicos tradicionales suelen recetar los alimentos de sus pacientes guiándose por estos principios.

La energía chi de nuestra cocina afecta la comida que ingerimos y su preparación. Por lo tanto, su localización dentro de la casa es fundamental. Puesto que las cocinas combinan el fuego y el agua, que son incompatibles, es importante elegir con cuidado la posición del fregadero y de los fogones.

La cocina fuera de la casa

Desde el punto de vista energético, se considera el punto más importante de la casa. Es donde se crea la vida y se mantiene día a día gracias a la alimentación, que reúne a toda la familia. Antiguamente, la cocina era además el laboratorio alquímico donde se preparaban las fórmulas y mezclas secretas que mantenían a todos en perfecta salud.

Este área del hogar, en la antigüedad y hoy en algunas culturas, se mantiene fuera de la casa. No pretendemos decir que debemos sacar nuestras cocinas fuera de los apartamentos, sino que debemos reflexionar acerca del porqué de estas costumbres. Nada se llevaba a cabo sin sentido ni criterios. Es muy interesante comprender cuáles eran las causas que lle-

● La cocina ideal

Es el lugar donde se elabora la comida de la familia y como tiene mucho que ver con su salud y bienestar, debe ser luminosa, amplia, relajante, armónica de colores y luz para atraer buenas dosis de energía positiva que impregne los alimentos. Si es posible, los muebles deben ser de madera natural y si no, la fórmica de imitación, de madera natural, también es útil.

El mostrador puede ser también de madera dura, un poco más oscura, o de mármol rosa o blanco. La encimera debe ser de gas, nunca eléctrica. porque destruye toda la energía de los alimentos (no los nutrientes).

No se debe cocinar nunca de espaldas a la puerta.

vaban a nuestros antepasados a actuar de esa forma. Una interpretación del tema es que la energía de la cocina destinada a la salud y a las actividades no debería mezclarse con la del descanso, la pasividad y la espiritualidad. Esto les llevó, en el pasado a darle un lugar apartado. Otra razón que se me ocurre es que antiguamente la vida se producía casi toda en un ambiente rural, y la alimentación era de primera mano, es decir, se elaboraba toda en casa; era el caso de embutidos, mermeladas, pasteles, bollería, salsas, recetas de plantas, licores medicinales, pan, etcétera.

Este lugar tenía un contacto directo con el exterior. Constantemente, llegaba la gente con las verduras del huerto, la leche, la carne, que se preparaba en la casa, generando un trasiego contante de gente.

En la mayoría de los casos, la cocina tenía una puerta trasera para facilitar las idas y venidas. Estas reflexiones deberían servirnos para llegar a conclusiones positivas. Actualmente, hemos llegado al otro extremo, pues no sólo casi no utilizamos la cocina, sino que ésta es muy pequeña y los alimentos que consumimos están en su mayoría prefabricados, en conserva, congelados o precocinados. En algunas ciudades europeas, como en Inglaterra, se han empezado a construir apartamentos sin cocina de unos 30 metros cuadrados. Esto es muy significativo de la fase en que nos hallamos. Estamos excluyendo de nuestra vida la preparación de los alimentos y la comida en el hogar. Para el mundo energético esto significa que eliminamos la energía que alimenta la vida. También es cierto que cada vez tenemos menos energía y la industria farmacéutica y dietética cada vez ofrecen más complementos energéticos que parecen sustituir la falta de energía que padecemos. Sin tener que recurrir al extremo de nuestros antepasados de la cocina fuera de la casa, ni en

225

*"En la cocina
se lleva a cabo la alquimia
que transforma
los alimentos en energía.
Y ésta transforma
la vida en armonía."*

*"En la cocina se fragua
la mayor parte
de la salud,
la unión y vitalidad
de toda la familia."*

la sociedad moderna, eliminando totalmente la cocina, podemos encontrar un punto medio de equilibrio y adecuar nuestras cocinas para cargarnos de energía, vitalidad y salud.

Elementos de la cocina

● **El microondas.** Tiene unos efectos muy nocivos sobre los alimentos, pues destruye su campo electromagnético. Debemos evitarlo totalmente.

● **La iluminación.** La luz natural es ideal. Compleméntala con lámparas que iluminen los rincones más oscuros, para que el chi no se estanque. Cuanto más sol entre en la cocina, más animado será el ambiente.

● **Los suelos.** Los suelos de imitación a madera son también recomendables y muy fáciles de colocar; además, tienen el mismo efecto: son cálidos, prácticos y resistentes a las limpiezas profundas.

● **Flores y frutas.** Los recipientes de fruta y de otras comidas frescas potencian el flujo saludable del chi, como las flores.

● **Los muebles.** La madera es la superficie ideal para preparar los alimentos. El acero inoxidable y los azulejos de cerámica crean un ambiente más yang, pero pueden crearte problemas si pasas mucho tiempo en tu cocina. Los azulejos de vinilo y las láminas sintéticas tienden a bloquear la energía chi.

Colores

Para mejorar la calidad energética de tu cocina utilizaremos colores cálidos, mezclados con algunos más chillones para crear

La madera es la superficie ideal para preparar los alimentos. El acero y la cerámica son más yang y las láminas sintéticas tienden a bloquear la energía yin.

Una cocina amplia y luminosa que nos permita desayunar en ella hará que empecemos el día cargados de energía.

un ambiente más alegre y estimulante para todos. Haz servir matices de verde brillante, naranja, y amarillo.

Orientación

Una de las direcciones más favorables para la cocina es en una «isla» en el centro del cuarto. Recuerda que nunca debes estar de espaldas a la puerta. El cocinero puede mirar la habitación mientras cocina, al igual que las puertas y ventanas. También puedes elegir entre varias direcciones para cocinar frente a una que te sea beneficiosa. Si cocinas de cara a la habitación, te sentirás también menos aislado y podrás hablar con tu familia o amigos al mismo tiempo que cocinas para ellos.

La cocina integrada
● Comodidad

Las construcciones modernas, en las que se integran cocina, comedor y sala de estar tienen un aspecto muy positivo en cuanto que permiten a la persona que está cocinando participar de las actividades y de la compañía del resto de la familia.

Las cocinas muy alejadas de la sala de estar producen una especie de pereza a la hora de trasladarse y ponerse a cocinar en solitario, hasta el punto de que la mayoría de veces se acaba comiendo algo preparado de la nevera.

La cocina comedor es un gran estímulo para que cocinemos asiduamente. Lo más importante en este caso es la orientación de los fogones, que siempre ha de coincidir con la posición de la persona mirando hacia la sala.

● El tiempo: cocina rápida

Solemos creer que cocinar nos roba un tiempo excesivo y que es más fácil y rápido comprar alimentos preparados, pero esto no es cierto, puesto que el sistema más adecuado para mantener la salud es una cocina sencilla y natural, muy variada en la combinación de alimentos básicos con unos tiempos de cocción rápidos y en la que los elementos más elaborados se preparan de un día para otro, por ejemplo, si queremos hacer la cena en cinco minutos, cortamos unas verduras finas y las escaldamos durante dos minutos en agua hirviendo con sal. Esta cocción, que encanta a los niños y a toda la familia, nos llevará tres minutos. Le añadimos una proteína fresca, vegetal, como tofu, seitán o tempe, y algo preparado en el momento, como pescado al horno, y una base de legumbres más elaboradas, que guardamos en la nevera y que nos durará tres días. Esta comida puede representar una preparación de cinco minutos.

"La vida tranquila y armónica contribuye a conservar el chi para el momento en que nos hace más falta, la vejez."

229

EL CUARTO DE BAÑO

Es un área relativamente moderna, ya que antiguamente las casas no disponían de esta zona, destinada a la higiene y a la eliminación de residuos orgánicos. Ni siquiera se consideraba oportuno mezclar estás dos funciones con energías que circulan en sentido opuesto.

La casa se creó en un principio para proteger a sus moradores del agua, el viento, el sol y el calor, la luna y los animales. Y en su interior se intenta generar vida y dinamizar todos los procesos vitales a través del descanso, la comida y las relaciones. No sería correcto hacer fluir la energía escatológica de la descomposición de los residuos en su interior; por esta razón, en el pasado se reservaba un lugar comunitario, de ahí el nombre de «comuna», situado en las afueras de los pueblos o de las casas. Al no haber en la actualidad otra solución que incorporar este espacio a la propia vivienda, se considera oportuno mantenerlo lo más alejado posible de la cocina, para no mezclar estas energías y olores opuestos.

Es preferible que esté separado de la entrada principal de la casa, donde quedaría demasiado a la vista de las personas que llegan. Y ante todo, el baño nunca debe estar situado en el área del viento o de las «bendiciones de la fortuna», ya que éstas se eliminarían continuamente por la fuerza del agua que se escapa por los sumideros.

"*Podemos absorber,
desde la paz de nuestro
hogar, las propiedades
curativas del agua.*"

Tampoco es recomendable su ubicación en el centro de la casa, ya que la mezcla de agua y residuos podrá generar problemas de salud a los inquilinos.

Si a pesar de estas pautas, tenemos un sanitario a la entrada, debemos mantener la puerta siempre cerrada y no poner ningún indicativo en ella que delate que es un baño. Así, las visitas que llegan no lo reconocen. Si tenemos un baño en el área del viento o «bendiciones de la fortuna», debemos mantenerlo escrupulosamente limpio y podemos cambiar los sanitarios por otros de más calidad. Los acabados y los complementos también deberían ser de la mayor calidad.

Generalidades

El agua está presente en todas las actividades que llevamos a cabo dentro del cuarto de baño. Su ubicación debe elegirse con cuidado, pues puede perjudicar el flujo general de la energía. Si se encuentra en una dirección desfavorable, los desagües del inodoro, la ducha y el lavabo pueden menguar la energía de la casa entera. Las posiciones menos deseables, al margen de su orientación, son frente a la puerta principal y cerca de las escaleras, el comedor o la cocina.

El baño en el dormitorio

Esta situación no es recomendable desde el punto de vista de la salud. El baño que se abre directamente a la habitación impregna de malos olores todo el dormitorio, que provienen de las cloacas de la calle en muchos casos. Y mientras dormimos respiramos estos efluvios tan poco adecuados. Los malos olores crean reacciones de rechazo constante que pueden convertirse en un problema de salud.

Otro factor a tener en cuenta es la humedad que genera el baño en la habitación. El vapor de la ducha y la bañera circula por el baño y se expande hasta el dormitorio. Tampoco nos conviene respirar esta humedad durante el sueño reparador. Las razones por las que nos llevamos el baño a la habitación, de proximidad y comodidad, no son tales, pues lo mismo se puede hacer con el baño en el exterior.

233

Aunque en las nuevas edificaciones
tiende a colocarse un cuarto de
baño junto al dormitorio,
no es conveniente por
la humedad y los olores.

Complementos

● **Los muebles.** Colocar algún armario peque-ño y minimalista en tonos claros para los útiles del baño. La proliferación de objetos creará un ambiente más húmedo y probablemente más estancado.

● **La iluminación.** La luz natural es siempre la mejor. Si es limitada, mantén bien iluminada la habitación, especialmente las esquinas.

● **Aire fresco.** Mantén el baño ventilado para mitigar la humedad y el riesgo de que se estan-que el chi. Abre la ventana cada día, y deja que entre el aire fresco.

● **Los espejos.** Los espejos constituyen un efecto positivo en el cuarto de baño. También crean sensación de más espacio, pues la gran mayoría de los cuartos de baño son pequeños.

El inodoro

En principio, el inodoro debe ser lo más discre-to posible. Colócalo lejos de la puerta, para reducir el efecto negativo del desagüe en la energía del resto de la casa. Si el espacio es amplio, sitúalo de tal modo que no pueda verse desde la puerta.

Las filtraciones y las pérdidas de agua en grifos y duchas potencian el efecto de «drenaje» del baño, propician la humedad y contribuyen a

que se estanque el chi. Si las dimensiones de tu cuarto de baño no te permiten situar el inodo-ro lo más alejado posible de la puerta, coló-ca-le una barrera separadora, que puede ser de obra, madera, pladur o simplemente algún detalle colgando desde el techo, como una cortina de cristalitos con temas marinos.

Si vamos a pasar mucho tiempo en el cuarto de baño, es conveniente que lo convirtamos en un lugar agradable y acogedor.

El suelo

El material del suelo puede afectar considerablemente el flujo de energía del cuarto de baño. Los distintos materiales ejercen diferentes efectos.

Sería ideal que fuera de madera, pero para protegerlo de la humedad podemos utilizar el sintético de madera, ya que no estamos mucho tiempo en ese lugar.

"Los productos para la higiene del cuerpo deberían ser estrictamente naturales. La piel absorbe hacia el interior del cuerpo cualquier sustancia."

LA OFICINA EN CASA

Trabajar en casa suele ser incompatible con la vida familiar. Sólo es correcto si estás solo.

La energía que promueve los proyectos, la carrera, la creatividad, la fama y el dinero, resulta más beneficiosa si se estimula en un local de planta baja a ras de suelo.

Si vivimos en un apartamento a una altura determinada, como un cuarto o quinto piso, la energía a ras de suelo no nos afectará. Por este motivo, materializar nuestros proyectos y transformarlos en dinero nos resultará mucho más difícil que si cogemos un local comercial a ras de suelo y concentramos todas estas actividades; todo será más fluido y beneficioso.

Otra razón por la que no deberíamos tener la oficina en casa es porque el área destinada a esta actividad es un área que le restamos en efectividad a la casa en cuanto lugar para vivir con la familia. El médico que instala su consulta en la casa está recibiendo de forma constante energías externas que rompen la armonía de la vida familiar.

Por otro lado, la parte de la casa destinada a la actividad de la vida familiar es la parte que le falta al área de negocios, no permitiendo que éstos proliferen.

Desde el punto de vista del sistema Feng Shui, es recomendable darle a cada cosa un espacio diferente y una energía diferente. La mezcla de estas dos energías hace que se anulen mutuamente.

A pesar de todo esto, podemos destinar un área de actividad de la casa, comunitaria de toda la familia, a tener un despacho para toda la familia, donde realizamos las actividades creativas.

Si no disponemos de ningún espacio para estos menesteres, con la mesa grande del comedor es suficiente para cumplir las expectativas deseadas. Lo importante es la situación del área, la amplitud y solidez de la mesa y las características energéticas de la zona, es decir, que sea un lugar para cenar y trabajar.

Si tenemos que utilizar el comedor para estas funciones porque la energía adecuada para esta actividad se encuentra en esa zona, debe-

"Ciertos tipos de trabajo
nos obligan a permanecer
muchas horas en el hogar,
a veces en solitario, y
debemos encontrar la
manera de que no se
conviertan en una pesadilla
y hacer que el cambio de
uno a otro lugar sea
incluso divertido."

La elección del mejor lugar de la casa

Con el conocimiento del sistema Feng Shui podemos elegir el mejor lugar que nos permita obtener los mejores resultados, pero tenemos que ser conscientes de que no todas las estrellas son favorables.

Teniendo en cuenta que algunas estrellas son siempre negativas y se mueven cada año en algún momento, en el ciclo de diez años nos veremos afectados por ellas. También hay que tener en cuenta que los aspectos negativos que nos afectan nos estimulan a superarlos y aprendemos a superar situaciones difíciles, creciendo y madurando interiormente.

Aplicando el sistema Feng Shui podremos predecir la índole de estos problemas y además nos puede sugerir cómo contrarrestarlos.

● El primer punto a tener en cuenta, si tenemos que priorizar las ventajas a la hora de elegir una vivienda, es la salud. Ésta es la cualidad más importante, ya que por mucho dinero que tengamos, si carecemos de salud, éste no nos proporcionará satisfacción. Por tanto, a la hora de elegir la mejor ubicación de una vivienda, siempre procuraremos que la ubicación del área de la salud dentro de la misma esté en el lugar adecuado, que puede coincidir con el espacio de la cocina o no.

● El segundo punto más importante es la orientación de la puerta de entrada.

● El tercer punto son los dormitorios, importantísimos como base de la salud, el descanso, la regeneración y la calidad de vida.

● El cuarto punto es la sala de estar-comedor-cocina, relacionados con el descanso, la salud y las relaciones familiares.

● El cuarto de aseo no tiene trascendencia y puede hallarse en cualquier lugar.

● Puede sucedernos, si estamos sensibles, que el lugar donde experimentamos mejores sensaciones sea un vestíbulo, un vestidor, el cuarto de los niños e incluso el cuarto de baño. Y a la inversa, que en la sala de estar-comedor-dormitorio, experimentemos peores sensaciones.

En este caso, es correcto que tendamos a estar más tiempo en lugares que nos hacen sentir mejor, aunque no estén ambientados para el descanso o la relación.

Esta situación se produce porque la energía es de baja calidad en unos puntos y mejor en otros.

Y el hecho de que lo decoremos como un dormitorio y coloquemos una cama, no significa que se convierta en el mejor sitio para dormir. Sencillamente, porque en ese sitio no existe la energía para el descanso. Por eso es tan importante, antes de hacer una casa o de comprarla, poder determinar dónde deben estar el dormitorio, la sala, etc, intentado que coincidan con la energía natural de cada espacio: actividad, relax, sueño, contemplación, diálogo, inspiración, alimentación, ejercicio, etc., son energías diferentes, y si pretendemos dormir o relajarnos en un punto donde la energía está muy activa, nunca lograremos descansar y nos agotaremos o enfermaremos.

La lógica natural o el sistema Feng Shui nos ayudará a encajar mejor estas energías.

En la búsqueda del sitio perfecto, para detectar en qué punto nuestro cuerpo se reconforta, deberíamos utilizar los ojos, pero no en la forma habitual.

*"Algunas profesiones
pueden desarrollarse
desde casa.
Para ello, no es
necesario
transformar los espacios.
Podemos utilizar la mesa
del comedor o de la cocina,
el sofá, la cama...
lo importante es localizar
el sitio que nos estimule
la creatividad."*

mos mantener los equipos electrónicos en un mueble con ruedas, que adheriremos a la mesa cuando sea necesario y que retiraremos cuando la usemos para comer.

Recursos

● **Colocar una lámpara de pie.** Con la luz hacia arriba y un flexo hacia abajo para cuando haga falta.

● **Usar también una silla giratoria.** Con cinco patas de oficina que combinará con el resto de sillas, y ponerle un cojín de un color cálido o estampado en flores suaves, ganchillo o estilo oriental de tipo hindú con espejitos.

● **Decorar con algunas plantas altas.** Alrededor de la mesa, tipo ficus benjamín, neutralizarán la energía de los equipos electrónicos.

● **El ordenador.** Si trabajamos en casa, es ideal un ordenador de pantalla plana para evitar la radiación. Lo ideal sería un portátil, que se puede guardar fácilmente en un cajón o en un armario.

● Áreas de trabajo

Según el sistema Feng Shui, para no reducir los efectos positivos del hogar creado para la vida en familia biológica o energética, la protección y cobijo de nuestro cuerpo, y punto de estímulo de la suerte, la abundancia y la felicidad no es recomendable crear áreas de trabajo, oficinas, talleres o consultas en casa, que reducen la capacidad de generar una buena calidad de vida.

La idea de trabajar en casa porque es mucho más cómodo es correcta, pero no la de generar áreas de trabajo en casa con este fin.

Resulta altamente positivo trabajar en casa, en cualquier punto que nos apetezca colocarnos, pero sin tener que instalar montajes fijos y crear ambientes de trabajo que no son necesarios.

● **LA SALA DE ESTAR-COMEDOR.** Es el área más adecuada para trabajar. La mesa grande del comedor es el sitio ideal. Si tenemos que usar ordenador y no tenemos portátil, lo colocaremos junto con la impresora, en un carrito anexo que nos permita acercarlo a la mesa y apartarlo cuando vayamos a comer con toda la familia.

● **EL DORMITORIO.** Puede ser un lugar en el que nos guste trabajar, pero no debemos instalar mesa de oficina. Simplemente, en un bonito escritorio o directamente encima de la cama podemos pensar, escribir,

organizar, planificar nuestro proyectos, que después materializaremos en otro lugar.

● **LA COCINA.** Puede ser que dispongamos de un área luminosa, con mesa grande, apartada de los fogones, y nos resulte muy agradable trabajar en ese lugar. Tampoco debemos instalar aparatos, pero sí que podemos llevarnos el portátil, las libretas, libros, documentos, etc.

*"El loft inglés equivale
a la buhardilla
o el desván de nuestras
casas antiguas.
Actualmente,
cualquier espacio
de un solo ambiente
lleva este nombre."*

EL LOFT

Este nuevo concepto se ha incorporado recientemente al concepto de vivienda. Tiene sus ventajas y sus desventajas. Las ventajas son que dispone de amplios espacios y de techos altos. En muchos casos está a ras de suelo o en una primera planta.

La principal desventaja es que son antiguos edificios comerciales adaptados o readaptados para viviendas que suelen estar en zonas industriales o comerciales carentes del entorno adecuado para una vivienda, ya que carecen de los servicios necesarios.

Este nuevo concepto de vivienda rompe con las líneas convencionales, al constar generalmente de una sola habitación muy grande y un cuarto de baño.

Los lofts se pusieron de moda en Nueva York cuando el ayuntamiento optó por reconvertir las zonas industriales de los alrededores y fueron ocupados inicialmente por pintores. Actualmente, se han puesto de moda y se hacen de todo tipo.

Un solo espacio

En estos espacios, la energía fluye con mucha facilidad, a veces excesiva. Lo difícil es encontrar la fórmula para regularla y poder crear los diferentes ambientes que necesitamos.

El dormitorio necesita de un ambiente íntimo y relajante. Debemos elegir, para colocar la cama, el área que nos parezca más favorable y menos transitada, creando una separación con cortinas o muebles grandes de madera, como el armario ropero. Si deseamos un poco más de intimidad, siempre podemos poner una tela o lona tensada y bien ajustada en forma de pared.

● El cuarto de baño es la única pieza del loft que es necesario construir en obra y separado. Los desagües marcarán la ubicación de los sanitarios.

● La cocina, sala de estar, comedor y área de trabajo pueden estar juntos en una sola pieza, como en la película *Flashdance*.

● La cocina puede ser simplemente una L de madera con sus correspondientes cajones en la pate inferior y apoyada en una pared, separándose así del resto de elementos.

● El comedor tiene como pieza básica la mesa, donde comemos, trabajamos, nos reunimos con la familia, amigos o visitas. Esta mesa debería tener unas características, como hemos dicho antes, de solidez, fortaleza y algún detalle ornamental o artístico, en madera clara y lo más grande posible.

● Alrededor de la mesa puede haber algunas sillas ergonómicas, con brazos, tapizadas en colores vivos y alegres, como el verde claro, amarillo, naranja, rojo o granate. Una de las sillas será la de trabajo, más grande, con cinco patas o ruedas y con un diseño ergonómico.

● Los equipos electrónicos deberán estar en una mesa anexa con ruedas, para que se puedan desplazar fácilmente entre el área de trabajo y la de ocio, si es menester.

● En el otro extremo de este gran espacio, colocaremos el sofá y los sillones, encima de una alfombra, para crear un punto de estabilidad. Un sofá cama sería adecuado para los invitados, por si quieren dormir en casa.

● La televisión la situaremos en un punto medio, para poderla ver desde la mesa y el sofá.

● El espacio alrededor de la mesa, se separará del espacio del sofá con plantas tipo ficus benjamín, que crearán una barrera o línea divisoria de ambientes.

LOCALES COMERCIALES DE NEGOCIOS

Estos espacios siguen unos criterios muy similares a los de la vivienda, con algunos matices muy diferenciados.

Las prioridades son algo diferentes que las del hogar, pero siempre buscamos el bienestar y la salud del cuerpo, la mente y el espíritu. Somos conscientes de que la prioridad de estos espacios es su utilidad para las relaciones comerciales y su rentabilidad. El objetivo es vender y el entorno debe ser el adecuado.

Los espacios muy elevados no son adecuados para estos menesteres, ya que se pierde el contacto con la energía del suelo y con la materia. Por esta razón, desde un espacio muy elevado nos resultará más difícil mover un negocio y sacarle la rentabilidad adecuada.

Los espacios a ras de tierra son idóneos para locales comerciales o de negocios.

La calle

Debe ser muy adecuada para el tipo de negocio que vamos a desarrollar. Se requiere estudiar adecuadamente todo el barrio antes de adquirir el local.

La puerta de entrada

Debe reunir unas características muy concretas, que suelen coincidir con las pautas marcadas por los sistemas de márqueting.

La visibilidad

La visibilidad desde la calle y del interior del local desde la puerta de entrada es prioritaria a la hora de elegir un local.

La distribución interior

Es particular para cada tipo de negocio, pero de una forma estándar podemos mencionar dos: espacios totalmente abiertos o espacios separados por tabiques.

Las mejores condiciones de trabajo

Hay que asegurarse de trabajar en las mejores condiciones físicas. Si estamos de pie, prima la comodidad del calzado, y si estamos sentados, hemos de poseer un asiento con un buen respaldo para evitar lesiones de columna.

También hemos de mantenernos fuera de las corrientes energéticas que se crean entre dos puertas o una puerta y una ventana. La ausencia de protección crea una dispersión y un estrés subconsciente que hay que evitar. Debemos crear esta protección con plantas muy altas, armarios archivos, mamparas, estoras...

La posición de control

Ésta nos permite controlar todo nuestro trabajo, mantener la responsabilidad, la concentración y unas relaciones optimas con el resto del equipo, sin necesidad de ejercer presión sobre la tarea de controlar. Esta posición es la más valiosa en un local comercial y debería ocuparla el director o empresario, pero en cada área hay también posiciones de control de menor entidad, para sus subordinados.

● **Debemos evitar a toda costa tener una posición expuesta y vulnerable**. En una situación así, cualquier otra persona puede ejercer el control sobre nosotros.

● **El concepto «ejercer control» es diferente a «tener el control»**. La diferencia estriba en que el primero es una tarea que puede resultar agotadora y a veces imposible, si esta energía adecuada no está en nuestro local. Y «tener el control» según el Feng Shui significa que aun cuando estamos ausentes todo viene hacia nosotros, y que sin el mínimo esfuerzo tenemos el control de toda la empresa, sólo por el hecho de nuestra posición en el espacio.

Abierto al público

Las pautas a seguir en un espacio destinado a la venta directa y abierto al público son muy diferentes a las que seguiríamos en un local de negocios que se mantiene cerrado al público y donde trabajamos aislados.

En el caso de estar abiertos al público, el primer factor a tener en cuenta es que los futuros clientes que acudan puedan disfrutar de un ambiente que les estimule a comprar o consumir el producto que ofrecemos. Según el sistema Feng Shui, que suele coincidir con los criterios de la psicología, hay que ser capaces, mediante la distribución del espacio, de provocar en el cliente la necesidad de comprar. El atractivo del local es importante.

Cerrado al público

Por otra parte, en un local cerrado al público la prioridad será que las zonas de trabajo, salas de reuniones, puntos de encuentro y zonas muertas se hallen todas armonizadas y dinamizadas para provocar la realización correcta de los proyectos.

ÍNDICE ANALÍTICO

248

253

CONCLUSIÓN

A menudo, queremos aplicar en nuestra casa todos los conceptos teóricos que hemos leído y nos damos cuenta de que es muy difícil, y, si lo hacemos, muchas veces no funcionan. Esto se debe a la falta de práctica que tenemos para manejar e interpretar los conceptos aprendidos. Con la práctica, se adquiere soltura y fluidez y poco a poco estos conceptos se van revelando ellos mismos, se vuelven muy claros en tu interior y te dictan cómo proceder.

El problema es que estudiamos los conceptos filosóficos del Feng Shui de forma estática, como un absoluto, un error que se comete a menudo. En la realidad, estos conceptos están vivos, en constante transformación, y dependen del momento, de modo que no podemos aplicar las mismas soluciones en todos los casos.

Es posible que las propuestas de cambios y mejoras hechas de esta forma no nos sirvan, porque antes de proponer una solución hay que conocer el origen del problema, y nunca es el mismo. Por esta razón, hay que llegar a precisar el diagnóstico particular de un sitio en concreto y buscar la manera de solucionarlo, siempre adaptada a ese lugar, espacio, persona, situación, etcétera.

Cuando estudiamos los conceptos filosóficos del Feng Shui solemos intelectualizarlos, es decir, nuestra comprensión de ellos está basa-da en nuestra forma de racionalizarlos o traducirlos a nuestra cultura (por ejemplo, cuando pensamos en el agua no pensamos en la energía que posee y desprende). En cambio, si tuviésemos la percepción de un niño de dos años, en ningún momento podríamos intelectualizarlo; simplemente, al observar el agua tendríamos una percepción directa del fenómeno agua con todo lo que conlleva. Pero esta percepción no pasaría el proceso mental de la racionalización.

Es importante matizar que la mayoría de veces estamos tratando con energías muy sutiles, invisibles y para algunos, imperceptibles, pero reales y concretas. Cuanta más densidad tiene una persona, menos sutileza posee, y viceversa. Para explicarlo mejor, en el mundo energético, podríamos decir que la energía va de máxima densidad a máxima sutileza, o de máximo yang a máximo yin, y cuanto más te acercas a una, más te alejas de otra. Según nuestro grado o nivel de densidad y sutileza estaremos predispuestos o no para percibir un grado vibratorio similar al nuestro.

Loli Curto
Feng Shui Consulting
www.feng-shui.es
lolicurto@feng-shui.es
Tel: 610 43 24 86